Mitteilungen

über

Forschungsarbeiten

auf dem Gebiete des Ingenieurwesens

insbesondere aus den Laboratorien
der technischen Hochschulen

herausgegeben vom

Verein deutscher Ingenieure.

Heft 132.

Berlin 1913

Springer-Verlag Berlin Heidelberg GmbH

ISBN 978-3-662-01691-6   ISBN 978-3-662-01986-3 (eBook)
DOI 10.1007/978-3-662-01986-3

Softcover reprint of the hardcover 1st edition 1913

Inhalt.

Versuche mit Riemen besonderer Art.

(Zweiter Bericht über Riemenversuche.)

Von **Kammerer,** Charlottenburg.

I. Zweck der Versuche.

Die in Heft 56 und 57 der Mitteilungen über Forschungsarbeiten veröffentlichten Versuche hatten in erster Linie den Zweck, den Wirkungsgrad von Riemen- und Seiltrieben zu ermitteln. Dagegen waren die damaligen Versuche nicht dazu bestimmt, die Grenzen der für Riemen aus verschiedenem Material zulässigen Nutzspannung festzustellen. Nur eine kleine Anzahl von Versuchen erstreckte sich bis zu dieser Grenzspannug.

Letztere Aufgabe war der Versuchsreihe vorbehalten, deren Ergebnisse hier dargelegt sind. Es hatte sich schon bei der ersten Versuchsreihe ergeben, daß die zulässige Nutzspannung lediglich durch Dauerversuche zu ermitteln war, die nur mit großem Zeitaufwand durchgeführt werden konnten. Die Ueberlastung eines Riemens ist ausschließlich daran erkennbar, daß der Riemen häufig nachgespannt werden muß, daß also eine beträchtliche bleibende Dehnung auftritt. Diese Erscheinung zeigt aber auch der nicht überlastete Riemen, ehe er in den Beharrungszustand gelangt ist; da dieser Zustand häufig erst nach mehreren Stunden eintritt, so liegt bei kurzzeitigen Versuchen stets die Möglichkeit vor, daß die Erscheinungen des Anlaufzustandes eines normal belasteten Riemens mit den Erscheinungen des Beharrungszustandes eines überlasteten Riemens verwechselt werden. Nur Versuche, die sich über mehrere Stunden ausdehnen, können daher über die Grenzen der zulässigen Nutzspannung sicheren Aufschluß gewähren.

Sämtliche Versuche wurden auf Anträge aus der Industrie hin ausgeführt; demgemäß wurden die geprüften Riemen nicht von der Leitung des Versuchsfeldes, sondern von den Auftraggebern beschafft.

Die Versuche konnten naturgemäß nur innerhalb der Grenzen durchgeführt werden, die durch die Abmessungen der vorhandenen Versuchsmaschine gesteckt sind. Diese war seinerzeit für vergleichende Versuche zwischen Seiltrieben und Riementrieben gebaut und demgemäß für Scheiben zwischen 1000 und 2500 mm Durchmesser, für Geschwindigkeiten von 10 bis 60 m/sk und für Drehmomente bis zu 200 m/kg eingerichtet worden. Versuche mit kleineren Scheiben, mit kleineren Geschwindigkeiten oder größeren Drehmomenten können daher mit der vorhandenen Versuchsmaschine überhaupt nicht ausgeführt werden.

Die Versuche wurden im einzelnen in derselben Art durchgeführt, wie in Heft 56 und 57 der Mitteilungen über Forschungsarbeiten eingehend dargelegt worden ist. Durch verschiedene kleine Verbesserungen konnte die Genauigkeit der Messungen erhöht werden.

Neben dem Hauptzweck — Feststellung der Grenzbelastung — wurde der Nebenzweck angestrebt, einen möglichst weitgehenden Einblick in die Besonderheiten der untersuchten Riemen zu gewinnen; es stellte sich nämlich bald heraus, daß die verschiedenen Arten von Riemen sehr bemerkenswerte Abweichungen aufweisen, daß also jede Riemenart ihre ausgeprägte Eigenart besitzt.

Folgende einheitliche Bezeichnungen wurden ebenso wie in Heft 56 und 57 durchweg angewandt.

Der während des Stillstandes gemessene Achsdruck A_v, bezogen auf 1 cm der Riemenbreite b, ruft im Riemen eine Spannung hervor, die bezeichnet wurde mit

$$k_v = \frac{A_v}{2\,b} = \text{Vorspannung in kg/cm.}$$

Sobald der Riemen in Betrieb gesetzt wird, vermindert sich der Achsdruck, weil die Fliehkraft des Riemens einen Teil der Vorspannung des Riemens ersetzt. Dieser im Betrieb gemessene verminderte Achsdruck A, bezogen auf 1 cm Riemenbreite, erzeugt eine Spannung, die die Bezeichnung erhielt

$$k_a = \frac{A}{2\,b} = \text{Achsspannung des Riemens in kg/cm.}$$

Das Gewicht eines Riemenstreifens von 1 m Länge und 1 cm Breite wurde bezeichnet als

$$q = \text{Einheitsgewicht des Riemens in kg.}$$

Aus diesem und aus der Geschwindigkeit v der Mittelfaser des Riemens in m/sk wurde berechnet

$$k_f = \frac{q}{g}\,v^2 = \text{Fliehspannung in kg/cm.}$$

Als maßgebend für die vom Riemen übertragene Umfangskraft wurde stets die dem Riemen zugeführte Leistung N_m betrachtet; aus ihr und aus dem Wirkungsgrad η_m des Motors ergibt sich die Umfangskraft U zu

$$U = N_m\,\eta_m\,\frac{1000}{736}\,\frac{75}{v}.$$

Aus der Umfangskraft folgt

$$k_n = \frac{U}{b} = \text{Nutzspannung in kg/cm.}$$

Bei Leerlauf des Riemens herrscht in jedem Trum die Spannung $k_a + k_f$. Wird der Riemen durch die Nutzspannung k_n belastet, so tritt in dem ziehenden Trum die Spannung

$$k_T = k_a + k_f + {}^1\!/_2\,k_n$$

auf, im gezogenen dagegen die Spannung

$$k_t = k_a + k_f - {}^1\!/_2\,k_n;$$

denn der Unterschied der beiden Spannungen muß $= k_n$ sein und die Summe der beiden Spannungen muß $= 2\,[k_a + k_f]$ sein. Für die Anpressung des Riemens an die Scheibe kommt im ziehenden Trum nur die um die Fliehspannung verminderte Spannung, also der Wert

$$k_a + {}^1\!/_2\,k_n = \text{wirksame Spannung im ziehenden Trum}$$

zur Geltung, im gezogenen Trum in gleicher Weise der Wert

$$k_a - {}^1/_2\, k_n = \text{wirksame Spannung im gezogenen Trum};$$

das Verhältnis der beiden wirksamen Spannungen ergibt sich zu

$$\varepsilon = \frac{k_a + {}^1/_2\, k_n}{k_a - {}^1/_2\, k_n} = \text{Spannungsverhältnis}.$$

Wird k_v so klein gewählt, daß gerade noch kein Gleiten eintritt, dann bedeutet ε nichts anderes als den Wert $e^{\mu\omega}$.

Aus dem Unterschied der Ablesungen der beiden Umlaufzähler folgt

$$\sigma = \text{scheinbarer Schlupf in vH}.$$

Die Dehnung des Riemens wurde bezeichnet mit

$$\delta = \text{Dehnung in vT}.$$

Ferner soll

$$\eta = \frac{\eta_{\text{total}}}{\eta_{\text{motor}} \times \eta_{\text{generator}}} = \text{als Wirkungsgrad}$$

des Riemens gelten. Er enthält die Verluste durch Schlupf, Riemensteifigkeit und Riemenluftwiderstand, nicht aber den Scheibenluftwiderstand und nicht die Lagerreibung.

Läuft der Riemen so langsam ($v < 10$ m/sk), daß die Fliehspannung verschwindend klein wird, dann ist der Achsdruck im Lauf gleich dem Achsdruck im Stillstand:

$$2\, k_a = 2\, k_v.$$

Würde der Riemen sich unter dem Einfluß der Fliehspannung k_t nicht längen, dann würde der Achsdruck im Betriebe

$$2\, k_a = 2\, [k_v - k_t].$$

Infolge der Längung des Riemens tritt nach dem Hinweis von Rudolf Hennig in Hamburg (Z. d. V. d. I. 1908 S. 1819) folgende Erscheinung auf:

Bezeichnet man den Scheibendurchmesser eines wagerechten Riementriebes mit gleich großen Scheiben mit d, den Achsstand mit a und den Durchhang des leer und langsam laufenden Riemens mit h_1, dann wird die Länge l_1 dieses Riemens angenähert

$$l_1 = d\pi + 2_a\left[1 + \frac{8}{3}\,\frac{h_1{}^2}{a^2}\right].$$

Nennt man die Vorspannung dieses Riemens k_v, gemessen in kg auf 1 cm Breite, und q das Gewicht eines Streifens von 1 m Länge und 1 cm Breite, so wird der Durchhang h_1 angenähert

$$h_1 = \frac{1}{k_v}\,\frac{q\,a^2}{100 \cdot 8}$$

$$l_1 = d\pi + 2_a\left[1 + \frac{q^2 a^2}{240\,000\, k_v{}^2}\right] \quad \ldots \ldots \ldots \quad (1).$$

Läßt man den gleichen Riemen leer und schnell laufen und bezeichnet den entstehenden Durchhang mit h_2, dann wird die Länge dieses Riemens angenähert

$$l_2 = d\pi + 2a\left[1 + \frac{8}{3}\,\frac{h_2{}^2}{a^2}\right].$$

Bezeichnet man die Achsspannung dieses Riemens mit k_a und seine Fliehspannung mit k_f, dann wird seine Gesamtspannung $k_a + k_f$. Vernachlässigt man die Verminderung des Gewichtes der Längeneinheit infolge der Dehnung — die

Verminderung beträgt äußerstenfalls $^1/_2$ vH —, dann wird der Durchgang h_2 angenähert

$$h_2 = \frac{1}{k_a} \frac{q\,a^2}{100 \cdot 8}$$

$$l_2 = d\pi + 2a\left[1 + \frac{q^2\,a^2}{240\,000\,k_a{}^2}\right] \quad \ldots \ldots \ldots \ldots \quad (2).$$

Nimmt man an, daß der Riemen dem Hookeschen Gesetz folgt, dann wird

$$\frac{l_1}{l_2} = \frac{k_v}{k_a + k_f} \quad \ldots \ldots \ldots \ldots \ldots \quad (3).$$

Aus der Verbindung der Beziehungen (1) (2) (3) folgt:

$$\frac{d\pi + 2a + \dfrac{q^2\,a^3}{120\,000\,k_v{}^2}}{d\pi + 2a + \dfrac{q^2\,a^3}{120\,000\,k_a{}^2}} = \frac{k_v}{k_a + k_f}.$$

Aus dieser Beziehung ergibt sich ein rechnungsmäßiger Wert für den Achsdruck $2\,k_a$, der um ein Geringes größer ist als der Wert $2\,[k_v - k_f]$, der bei einem Riemen ohne Längung entstehen würde.

Bei allen Versuchen ergab sich, daß der gemessene Achsdruck stets weit über dem rechnungsmäßigen Achsdruck lag.

Da die Ermittlung des rechnungsmäßigen Achsdruckes unter Berücksichtigung der Dehnung des Riemens umständlich ist — sie erfordert für jeden der 160 Einzelversuche die Auswertung einer Gleichung dritten Grades —, so wurde nicht der Ueberschuß des gemessenen Achsdruckes über den unter Berücksichtigung der Dehnung berechneten Achsdruck, sondern der Ueberschuß des gemessenen Achsdruckes über den unter Vernachlässigung der Dehnung berechneten Achsdruck in den Diagrammen dargestellt. Dieser letztere Wert wurde bezeichnet mit

$$k_{ii} = 2\,k_a - 2\,[k_v - k_f] = \text{Ueberschußspannung in kg/cm.}$$

Der Einfluß der Dehnung wächst mit dem Quadrat der Geschwindigkeit. Bei dem Versuch Nr. 10 mit dem Lederriemen $LR\,14$ bei $v = 61{,}6$ m/sk war

der berechnete Achsdruck mit Berücksichtigung der Dehnung . . 39,8 kg/cm,
der berechnete Achsdruck ohne Berücksichtigung der Dehnung . 37,0 » ,
und der gemessene Achsdruck . . . . 60,0 » .

Es beträgt also die

Ueberschußspannung mit Berücksichtigung der Dehnung $60{,}0 - 39{,}8 = 20{,}2$ kg/cm,
Ueberschußspannung ohne Berücksichtigung der Dehnung $60{,}0 - 37{,}0 = 23{,}0$ kg/cm.

Es hat also die Längung infolge der Fliehspannung nur einen sehr geringen Einfluß auf den rechnerischen Wert des Achsdruckes.

Bei Geschwindigkeiten unter 50 m/sk wird der Einfluß der Dehnung auf den rechnungsmäßigen Achsdruck verschwindend klein.

Die gesamte Einzeldurchführung der Versuche mit Vorbereitung und Prüfung der Meßeinrichtung lag Hrn. Assistent Mehlhose ob. Für seine mühevolle und sorgfältige Arbeit sei ihm besonderer Dank auch an dieser Stelle ausgesprochen.

II. Versuche mit Gliederriemen.

1) Abmessungen.

Es wurden zwei Gliederriemen von gleicher Breite aber verschiedener Dicke untersucht, deren Glieder aus ausgestanzten und unter hohem Druck zusammengepreßten Plättchen bestanden; diese Plättchen waren aus besonders bereiteter Fasermasse hergestellt. Nur die an den beiden Kanten des Riemens befindlichen Randglieder bestanden aus Leder. Die Gelenke waren durch Nagelbolzen verbunden, deren Köpfe in den Randgliedern versenkt waren, so daß eine nahezu glatte Kante entstand. Ein sehr gutes Anliegen des Riemens an der Scheibe wurde dadurch herbeigeführt, daß der fertige Riemen an der Lauffläche gefräst war.

Mit diesen beiden Faserstoffriemen wurden planmäßige Versuchsreihen durchgeführt; außerdem wurden einige Stichversuche mit zwei aus Leder hergestellten Gliederriemen gleicher Breite ausgeführt.

Die Hauptabmessungen der drei Gliederriemen betrugen

Art		Faserstoff	Faserstoff	Leder
Nr.		$FG\,3$	$FG\,4$	$LG\,1$ und $LG\,7$
Breite	mm	152,4	152,4	200,0
Dicke	»	13	16	16
endlose Länge	m	15,88	15,86	18,64
Einheitsgewicht	kg	0,177	0,230	0,195

(Gewicht eines Streifens von 1 m Länge und 1 cm Breite.)

$$\text{Zugquerschnitt} \quad \text{qcm} \quad (1{,}3-0{,}37)\cdot\frac{15{,}2}{2} \qquad (1{,}6-0{,}43)\cdot\frac{15{,}2}{2} \qquad (1{,}6-0{,}43)\cdot\frac{20{,}0}{2}$$

$$= 7{,}07 \qquad\qquad = 8{,}89 \qquad\qquad = 11{,}70$$

$$\text{Bolzenauflagefläche} \quad » \quad 0{,}37\cdot\frac{15{,}2}{2}=2{,}81 \qquad 0{,}43\cdot\frac{15{,}2}{2}=3{,}27 \qquad 0{,}43\cdot\frac{20{,}0}{2}=4{,}30$$

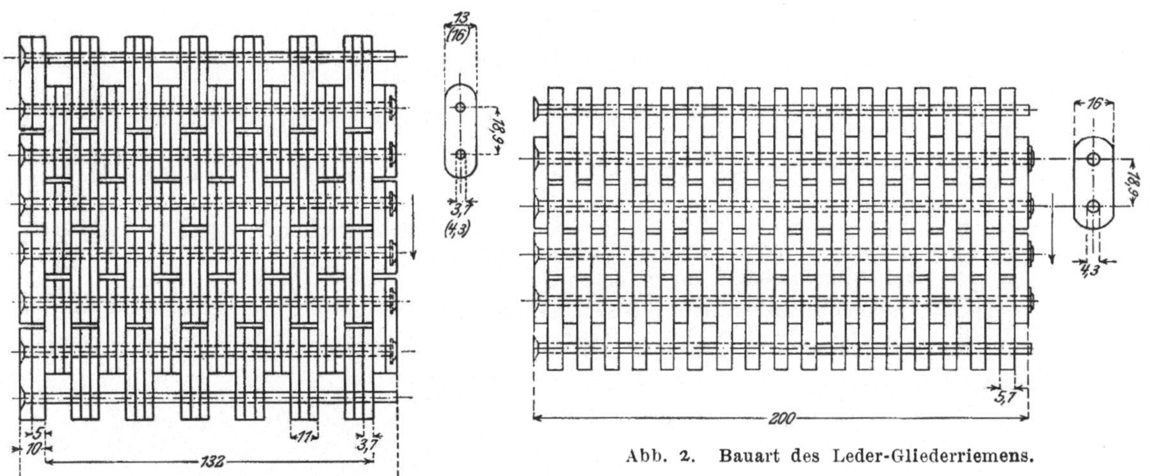

Abb. 1. Bauart des Faserstoff-Gliederriemens.

Abb. 2. Bauart des Leder-Gliederriemens.

Die Einzelabmessungen der beiden Faserstoffriemen sind aus Abb. 1 ersichtlich; die eingeklammerten Maße gelten für den Riemen von 16 mm Dicke. Abb. 2 zeigt die Einzelabmessungen des Leder-Gliederriemens.

2) Dehnung im Stillstand.

Der zu untersuchende Riemen wurde über zwei Riemenscheiben von 1250 mm Dmr. gelegt und durch Verschiebung der einen Scheibenwelle gespannt. Die Belastung wurde 3 min aufrecht erhalten, die Dehnung abgelesen, der Riemen entspannt und nach 3 min die Belastung gesteigert. Dabei ergaben sich die in Abb. 3 dargestellten elastischen und bleibenden Dehnungen.

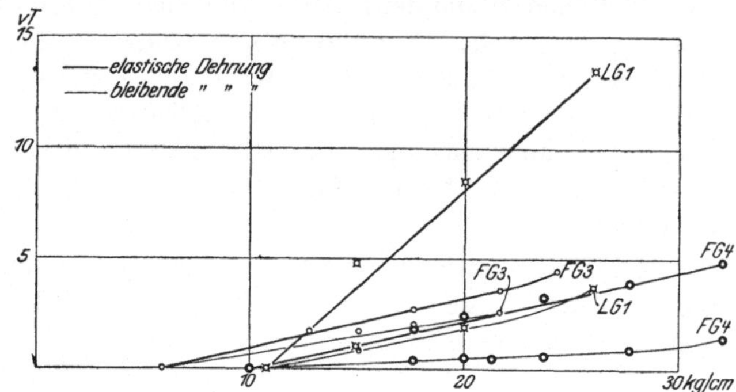

Abb. 3. Stillstandsdehnung der Gliederriemen $FG\,3$, $FG\,4$, $LG\,1$

Aus diesem Schaubild ist ersichtlich, daß die bleibende Dehnung aller drei Gliederriemen groß im Verhältnis zur elastischen Dehnung ist; namentlich gilt dies für den 13 mm-Riemen. Diese Erscheinung ist bedingt durch den Zusammenbau der Riemen aus einer großen Zahl von Gliedern.

Ferner erkennt man, daß die elastische Dehnung des Leder-Gliederriemens sehr viel größer als die des gleich dicken Faserstoff-Gliederriemens ist.

Die Kurven der elastischen Dehnung sind gerade Linien bis zu der Spannung 22 kg/cm bei $F\,G\,3$ und bis 32 kg/cm bei $F\,G\,4$.

Innerhalb dieser Grenzen nimmt der Elastizitätsmodul die Werte an:

$$\frac{(22-6)\ ^{15,24}/_{7,07}}{(3,7-0)\ ^{1}/_{1000}} = 8750 \ \text{bei}\ F\,G\,3, \qquad \frac{(32-10)\ ^{15,24}/_{8,89}}{(4,9-0)\ ^{1}/_{1000}} = 7700 \ \text{bei}\ F\,G\,4,$$

$$\frac{(26-11)\ ^{20,00}/_{11,70}}{(13-0)\ ^{1}/_{1000}} = 3330 \ \text{im Mittel bei}\ L\,G\,1.$$

Bei 20 kg/cm beträgt die bleibende Dehnung:

$$\frac{2,15}{3,05} = 0{,}71 \ \text{der elastischen Dehnung bei dem Faserstoff-Gliederriemen 13 mm}$$

$$\frac{0,4}{2,2} = 0{,}18 \ \text{»} \qquad \text{»} \qquad \text{»} \qquad \text{»} \quad \text{»} \qquad \text{»} \qquad\qquad 16 \ \text{»}$$

$$\frac{1,9}{8,5} = 0{,}22 \ \text{»} \qquad \text{»} \qquad \text{»} \qquad \text{»} \quad \text{»} \ \ \text{Leder-Gliederriemen} \quad 16 \ \text{»}$$

Die Dehnungsmessung im Stillstand liefert nur relative Werte, weil die Dauer der Belastung einen sehr großen Einfluß ausübt.

3) Ueberschußspannung.

In Abb. 4 ist die bei jedem Einzelversuch beobachtete Ueberschußspannung

$$k_{ii} = 2\,k_a - 2\,(k_v - k_f)$$

als Ordinate zu der zugehörigen Riemengeschwindigkeit v aufgetragen. Legt man eine mittlere Linie durch die Versuchswerte, so zeigt diese von $v = 15$ bis $v = 25$ m/sk ein in gleichem Verhältnis wachsendes Ansteigen der Ueberschußspannung und ein rasches Ansteigen bei $v = 25$ bis 30 m/sk. Die Werte dieser Spannung sind ziemlich hoch: sie steigen bei $v = 25$ m/sk bis zu 10 kg/cm.

4) Reibung.

Um den Reibungswert unabhängig von den verwickelten Einflüssen des laufenden Riemens zu bestimmen, wurde die eine Scheibe festgestellt und die andere durch einen Gewichthebel gedreht, während der Riemen mit einer bestimmten Spannung auflag; der Gewichthebel wurde dann solange belastet, bis

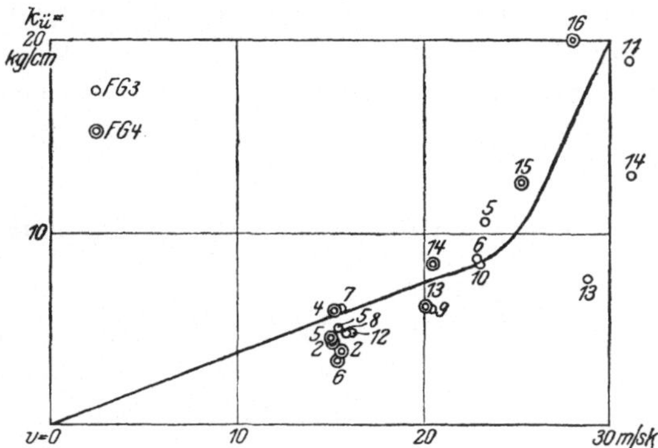

Abb. 4. Ueberschußspannung der Gliederriemen $FG\,3$ und $FG\,4$.

der Riemen zu gleiten begann. Aus der Vorspannung k_v und aus der durch den Gewichthebel dem Riemen erteilten Nutzspannung k_n ergibt sich der Reibungswert μ der Ruhe aus der Beziehung

$$e^{\mu\omega} = \frac{k_v + {}^{1}/_{2}\,k_n}{k_v - {}^{1}/_{2}\,k_n},$$

wobei $\omega = \pi$ ist, da die beiden Scheiben gleich groß sind.

Die durch diese Messung erhaltenen Werte von $e^{\mu\omega}$ sind in Abb. 5 für die drei Gliederriemen als Ordinaten zu der Spannung k_n als Abszisse aufgetragen; sie liegen sämtlich in einer Wagerechten mit der Ordinate $e^{\mu\omega} = 1,8$. Wie zu

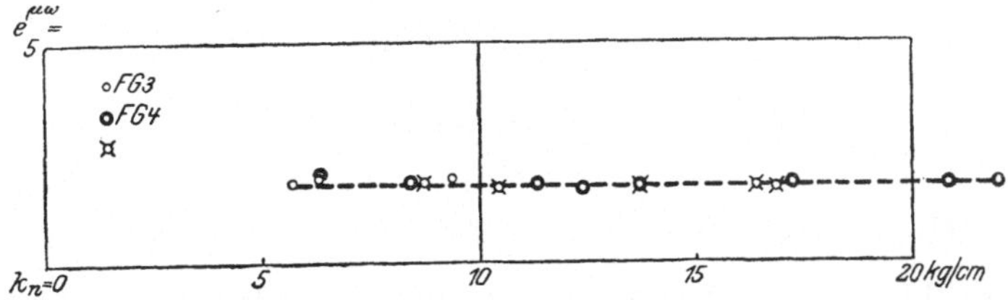

Abb. 5. Reibung der Gliederriemen $FG\,3$, $FG\,4$ und bei $\omega = \pi$ und 1250 mm Dmr.

erwarten war, ist die Dicke eines Gliederriemens ohne Einfluß auf den Reibungswert, weil die bei gewöhnlichen Riemen vorhandene Steifigkeit durch die Einfügung der Gelenke aufgehoben ist.

5) Spannungsverhältnis und Schlupf.

In Abb. 6 sind für den Gliederriemen $FG\,3$ die gemessenen Werte des Spannungsverhältnisses

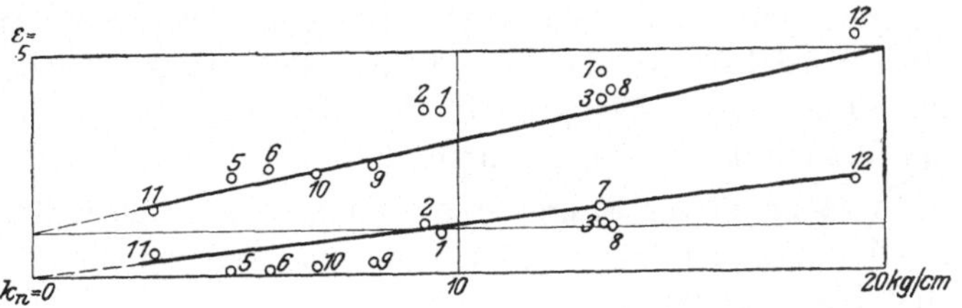

Abb. 6. Spannungsverhältnis und Schlupf des Gliederriemens $FG\,3$.

$$\varepsilon = \frac{k_a + \frac{1}{2} k_n}{k_a - \frac{1}{2} k_n}$$

als Ordinaten zu den Nutzspannungen k_n als Abszissen aufgetragen; es sind hierzu nur diejenigen Versuche gewählt worden, bei denen nur scheinbarer Schlupf, nicht aber Gleitschlupf eintrat.

Bei allen den Versuchen, bei denen die Vorspannung k_v so niedrig als möglich eingestellt war, d. h. gerade so hoch, daß noch kein Gleitschlupf eintrat, bedeutet ε nichts anderes als den Wert $e^{\mu\omega}$. Verbindet man also die höchstliegenden Versuchswerte durch eine Grenzlinie, so stellt diese die Werte von $e^{\mu\omega}$ dar, wobei $\omega = \pi$ ist.

Für $k_n = 0$ wird $\varepsilon = \dfrac{k_a}{k_a} = 1$; die genannte Grenzlinie muß daher bei $k_n = 0$ durch den Abszissenpunkt 1 gehen.

Der durch Reibungsversuche im Stillstand ermittelte Wert von $e^{\mu\omega}$ betrug ∞ 1,8; im Betrieb dagegen wurden Werte von $e^{\mu\omega}$ beobachtet, die bis zu 5,3 steigen, also rund den dreifachen Wert von 1,8 erreichen.

In die gleiche Abb. 6 sind die gemessenen Werte für den scheinbaren Schlupf σ eingetragen. Da σ in gleichem Verhältnis mit der Nutzspannung wächst

$$\sigma = \frac{1}{E} k_n \frac{b}{f},$$

so erscheint die Linie als eine schief ansteigende Gerade, die durch den Nullpunkt geht. Dabei bedeutet E den Elastizitätsmodul und f den Querschnitt.

In gleicher Weise sind in Abb. 7 die gemessenen Werte für das Spannungsverhältnis und den scheinbaren Schlupf des Gliederriemens $FG\,4$ zusammen-

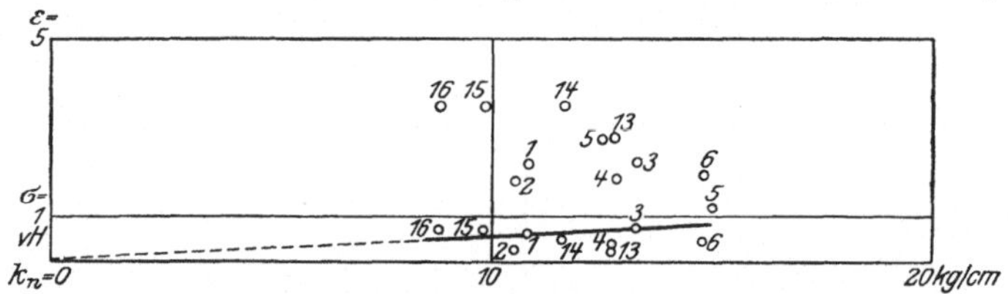

Abb. 7. Spannungsverhältnis und Schlupf des Gliederriemens $FG\,4$.

gestellt. Die Linie des scheinbaren Schlupfes liegt bei $FG\,4$ wesentlich tiefer als bei $FG\,3$, da der Riemen $FG\,4$ beträchtlich dicker ist: 16 mm gegen 13 mm bei $FG\,3$. Aus Abb. 6 und 7 ergibt sich der Elastizitätsmodul zu 1980 für $FG\,3$ und zu 3260 für $FG\,4$. Diese Werte dürften zuverlässiger sein als die aus der Dehnungsmessung abgeleiteten.

6) Lagerdruck.

Die Lagerreibung hängt einerseits von der Art und dem Zustand der Lager, anderseits von dem Lagerdruck ab; von letzterem hauptsächlich insofern, als größerer Lagerdruck auch größere Abmessungen der Lager verlangt. Der Lagerdruck aber wird hauptsächlich durch den Riemenzug hervorgerufen. Es liegt daher die Frage nahe: Wie groß ist der durch den Riemen verursachte Lagerdruck im Verhältnis zur Nutzspannung?

Die Beantwortung dieser Frage ist nicht nur wegen der Größe der Lagerreibung von Bedeutung, sondern vor allem darum, weil von ihr die Bemessung der Wellen und Lager abhängt.

Da die Versuchsmaschine die Messung des Lagerdruckes im Betriebe gestattet, so wird durch die Versuchsergebnisse die gestellte Frage unmittelbar beantwortet. Die im Betriebe gemessene Achsspannung, gemessen in kg für 1 cm Riemenbreite, wurde k_a genannt; es ist daher der gesamte Lagerdruck in kg

$$A = 2\,b\,k_a,$$

wobei b die Riemenbreite in cm bedeutet.

Der Zusammenhang zwischen k_a und der Nutzspannung k_n ergibt sich aus dem Spannungsverhältnis

$$\varepsilon = \frac{k_a + {}^1/_2\,k_n}{k_a - {}^1/_2\,k_n}.$$

Hieraus ist

$$\frac{2\,k_a}{k_n} = \frac{\varepsilon + 1}{\varepsilon - 1}.$$

Aus dem Verhältnis $\lambda = \dfrac{2\,k_a}{k_n}$ ergibt sich der Lagerdruck zu

$$L = \lambda\,b\,k_n.$$

In Abb. 8 sind die gemessenen Werte $\lambda = \dfrac{2\,k_a}{k_n}$ als Ordinaten zu den zugehörigen Geschwindigkeiten v als Abszissen aufgetragen. Zu beachten ist dabei, daß nur ein Teil der Versuche mit dem geringst zulässigen Wert der Vorspan-

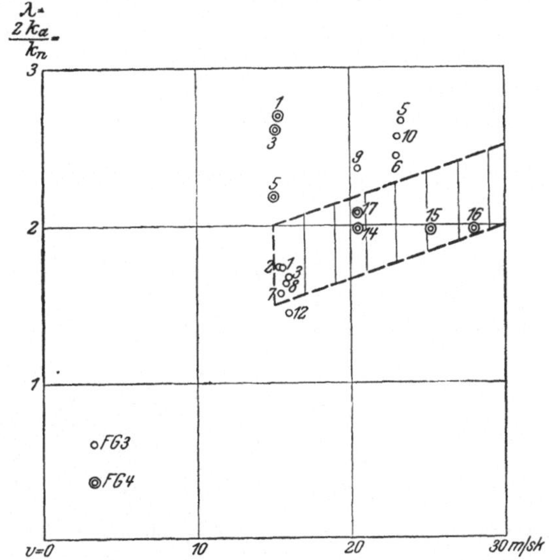

Abb. 8. Lagerdruck der Gliederriemen FG 3 und FG 4 für 1500 mm Dmr. und $\omega = \pi$.

nung k_v ausgeführt ist; von Bedeutung sind daher die kleinsten vorkommenden Werte von λ. Abb. 8 zeigt, daß bei den Versuchen mit dem Gliederriemen λ zwischen den Grenzen von 1,5 und 2,5 lag und mit steigender Geschwindigkeit etwas zunahm. Bei gewöhnlichen Lederriemen ist es üblich, für den eingelaufenen Riemen mit dem Wert $e^{\mu\omega} = 2$, also mit einem Wert $\lambda = \dfrac{2 + 1}{2 - 1} = 3$ zu rechnen, während man bei frisch aufgespannten Riemen vorsichtshalber den Wert $\lambda = 5$ für die Bemessung der Wellen und Lager zugrunde legt.

7) Grenz-Nutzspannung.

In Abb. 9 sind die Werte der Nutzspannung k_n der mit dem Faserstoff-Gliederriemen FG 4 ausgeführten Versuche als Ordinaten zu den Geschwindig-

— 10 —

keiten als Abszissen aufgetragen. Es sind dabei nur diejenigen Versuche gewählt worden, bei denen einerseits der Schlupf σ so gering war, daß kein Gleiten eintrat, und bei denen anderseits die stündliche Dehnung den Betrag von 2 Tausendstel nicht überschritt.

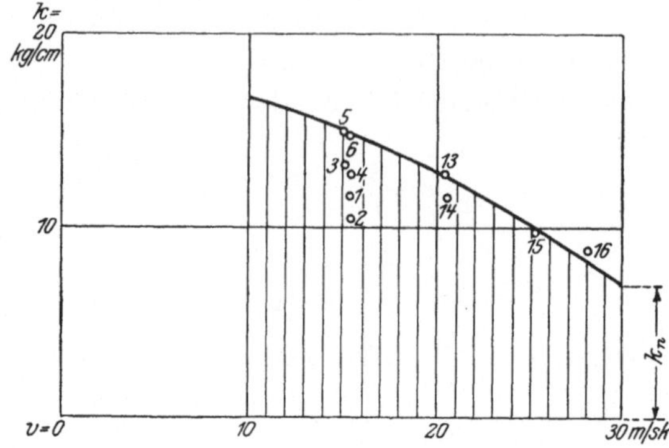

Abb. 9. Grenz-Nutzspannung des Gliederriemens $FG\,4$ für $\omega = \pi$ und für 1250 mm Dmr.

Die eingezeichnete Kurve für k_n umschließt alle Versuchswerte von k_n, die mit einer stündlichen Dehnung von nicht mehr als 2 Tausendstel ausgeführt sind, dürfte also jedenfalls als zulässige Grenze gelten. Zu beachten ist, daß sie für den Wert $\omega = \pi$ aufgestellt ist und daß sie nur für Scheibendurchmesser von rd. 1250 mm gilt.

In ähnlicher Weise ist in Abb. 10 die Grenzlinie der zulässigen Belastung für den Faserstoff-Gliederriemen $FG\,3$ aufgesucht worden.

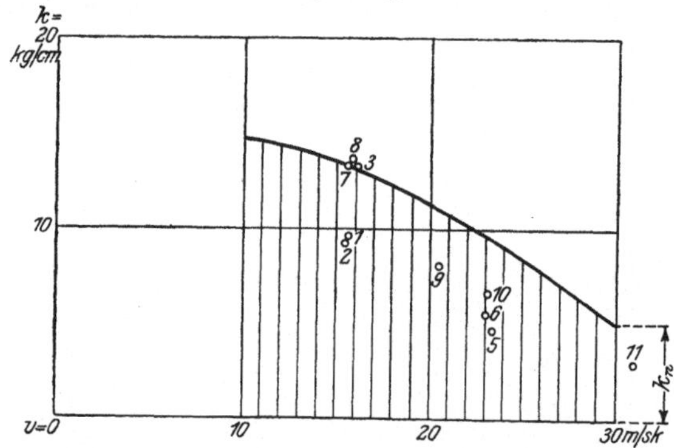

Abb. 10. Grenz-Nutzspannung des Gliederriemens $FG\,3$ für $\omega = \pi$ und für 1250 mm Dmr.

Die mit dem Leder-Gliederriemen von 16 mm Dicke bei einer Geschwindigkeit von 13 m/sk ausgeführten Stichversuche ergaben folgende Werte:

Versuch Nr.	Gesamt-spannung k_T kg/cm	Flieh-spannung k_f kg/cm	Nutz-spannung k_n kg/cm	Spannungs-verhältnis ε	scheinbarer Schlupf σ vH	stündliche Dehnung δ vT
2	29,5	4,5	11,5	1,8	0,6	21,0
3	32,8	4,5	17,8	2,6	1,2	7,1
4	48,5	4,5	18,5	1,7	1,0	45,6

Nach diesen Ergebnissen dürfte eine Gesamtspannung $k_T = 30$ kg/cm bei $v = 15$ m/sk als äußerst zulässige Grenze betrachtet werden. Da k_f bei dieser Geschwindigkeit 4,5 kg/cm beträgt, und da als Höchstwert für ε der Wert 2,6 erreicht wurde, so ergibt sich als zulässige Nutzspannung

$$k_n = [k_T - k_f]\,\frac{e^{\mu\omega} - 1}{e^{\mu\omega}} = [30 - 4,5]\,\frac{2,5 - 1}{2,5} = \infty\ 15 \text{ kg/cm.}$$

Die Werte für k_n der ausgeführten Versuche liegen teils über teils unter $k_n = 15$ kg/cm; es dürfte also letzterer Wert als die Grenze der zulässigen Belastung für $\omega = \pi$ und für 1250 mm Dmr. betrachtet werden. Indessen wird bei dem Leder-Gliederriemen ein viel häufigeres Nachspannen stattfinden müssen als bei dem gleichstarken Faserstoff-Gliederriemen, weil bei ersterem die stündliche Dehnung sehr viel größer ist.

Als höchste zulässige Gesamtspannung war für die drei untersuchten Gliederriemen angenommen worden:

$$k_T = 35 \text{ kg/cm für den Faserstoffriemen } 16\text{mm bei } v = 30 \text{ m/sk}$$
$$\text{» } = 30 \quad \text{»} \quad \text{»} \quad \text{»} \qquad \qquad 13 \text{ »} \quad \text{» » } = 30 \text{ »}$$
$$\text{» } = 30 \quad \text{»} \quad \text{»} \quad \text{» Lederriemen} \quad 16 \text{ »} \quad \text{» » } = 15 \text{ »}$$

Für die unter 1), S. 5, mitgeteilten Abmessungen ergaben sich folgende Beanspruchungen bei den genannten Werten von k_T:

für den Faserstoff-Gliederriemen 16 mm

$$\text{Zugspannung im Faserstoff} \quad . \quad . \quad \frac{35 \text{ kg/cm} \times 15{,}24 \text{ cm}}{8{,}89 \text{ cm}^2} = 60 \text{ at}$$

$$\text{Pressung der Bolzenfläche} \quad . \quad . \quad \frac{35 \text{ kg/cm} \times 15{,}24 \text{ cm}}{3{,}27 \text{ cm}^2} = 163 \text{ »}$$

für den Faserstoff-Gliederriemen 13 mm

$$\text{Zugspannung im Faserstoff} \quad . \quad . \quad \frac{30 \text{ kg/cm} \times 15{,}24 \text{ cm}}{7{,}07 \text{ cm}^2} = 65 \text{ »}$$

$$\text{Pressung der Bolzenfläche} \quad . \quad . \quad \frac{30 \text{ kg/cm} \times 15{,}24 \text{ cm}}{2{,}81 \text{ cm}^2} = 163 \text{ »}$$

für den Leder-Gliederriemen 16 mm

$$\text{Zugspannung im Leder} \quad . \quad . \quad . \quad \frac{30 \text{ kg/cm} \times 20 \text{ cm}}{11{,}70 \text{ cm}^2} = 51 \text{ »}$$

$$\text{Pressung der Bolzenfläche} \quad . \quad . \quad \frac{30 \text{ kg/cm} \times 20 \text{ cm}}{4{,}30 \text{ cm}^2} = 140 \text{ »}$$

Der Leder-Gliederriemen wurde schließlich einem Leerlaufversuch mit $v = 15$ m/sk unterworfen, wobei die Achsspannung auf $k_a = 43{,}1$ kg/cm gehalten wurde, so daß die Gesamtspannung

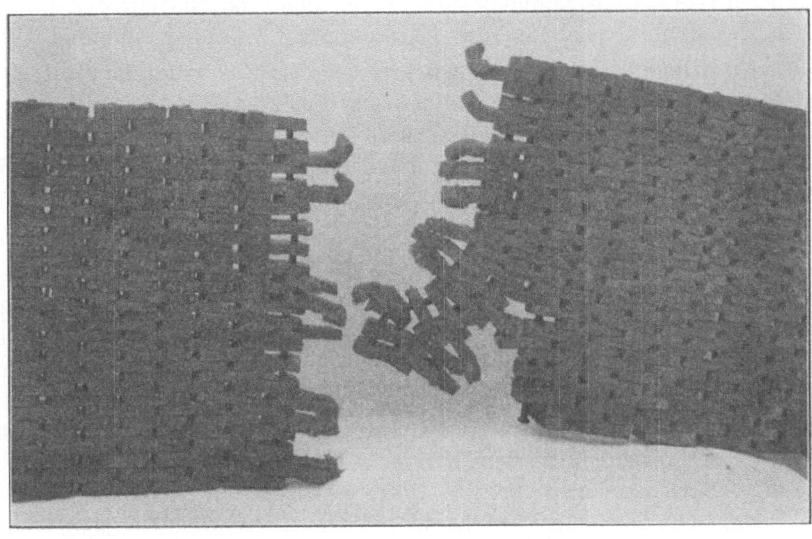

Abb. 11.

$$k_T = k_a + k_f = 43{,}1 + 4{,}5 = 47{,}6 \ \text{kg/cm}$$

betrug. Nach dreistündigem Betrieb riß der Riemen. Abb. 11 stellt die gerissenen Enden dar; man erkennt daraus, daß die Zugbeanspruchung im Leder die Veranlassung zum Bruch gegeben hat.

Ein gleichartiger Leder-Gliederriemen wurde einem Versuch mit $v = 15$ m/sk bei einer Nutzspannung von 16 kg/cm und einer Achsspannung von 44 kg/cm unterzogen, entsprechend einer Gesamtspannung

$$k_T = k_a + k_f + \tfrac{1}{2} k_u = 44 + 4{,}5 = \tfrac{1}{2} \cdot 16 = 56{,}5 \ \text{kg/cm}.$$

Aus diesen beiden Versuchen ergibt sich, daß die Zerreißspannung des Ledergliederriemens 16 mm rd. 50 kg/cm beträgt.

Dieser Zerreißspannung entspricht eine

$$\text{Zugspannung im Leder} \ \frac{50 \ \text{kg/cm} \times 20 \ \text{cm}}{4{,}30 \ \text{cm}^2} = 232 \ \text{at.}$$

8) Grenz-Nutzleistung.

Die Nutzleistung, die mit 1 cm Riemenbreite übertragen werden kann, beträgt in PS:

$$k_n \, v \ ^1/_{75}.$$

In Abb. 12 ist diese Nutzleistung auf 1 cm für alle mit den Faserstoff-Gliederriemen $FG3$ und $FG4$ ausgeführten Versuche aufgetragen, und zwar als Ordinate zu der zugehörigen Riemengeschwindigkeit als Abszisse. Die diese

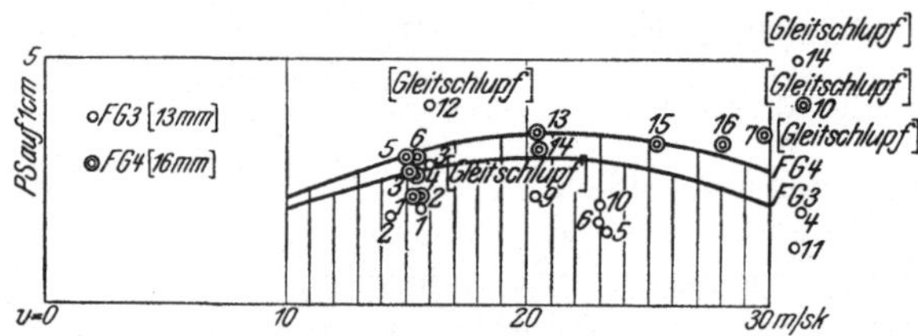

Abb. 12. Grenz-Nutzleistung der Gliederriemen $FG\,3$ und $FG\,4$ für 1250 mm Dmr. und $\omega = \pi$.

Werte umschließenden Grenzlinien sind so gezogen, daß sie mit den in Abb. 9 und 10 dargestellten Grenzlinien der Nutzspannung k_n übereinstimmen.

Diese Grenzlinien erreichen Höchstwerte bei der Geschwindigkeit $v = 20$ m/sk; es ist also diese Geschwindigkeit für den untersuchten Gliederriemen die günstigste; bei Ueberschreitung dieser Geschwindigkeit nimmt zwar v zu, aber k_n infolge der stark steigenden Fliehspannung so beträchtlich ab, daß der Wert des Produktes $v\,k_n$ kleiner wird als bei 20 m/sk.

9) Zusammenfassung.

Gliederriemen sind aus dem Bedürfnis entstanden, die große Zugfestigkeit des Doppelriemens mit der Schmiegsamkeit des einfachen Riemens zu vereinigen, also starke Riemen für geringe Scheibendurchmesser herzustellen. Aus den Versuchen geht hervor, daß dieser Zweck für geringe Geschwindigkeiten tatsächlich erreicht wird. Bei größeren Geschwindigkeiten übt die hohe Fliehspannung der schweren Gliederriemen einen sehr starken Einfluß aus und drückt die zulässige Belastung sehr herab. Für Geschwindigkeiten von mehr als 30 m/sk dürften Gliederriemen überhaupt nicht mehr verwendbar sein.

III. Versuche mit einfachen Lederriemen.

1) Abmessungen.

Es wurden drei Riemen gleicher Art untersucht, und zwar zwei rd. 200 mm breite auf Riemenscheiben von 1250 mm Dmr. und ein rd. 100 mm breiter auf Scheiben von 2500 mm Dmr. Die Abmessungen waren:

		$LR\,2$	$LR\,45$	$LR\,15$
Breite	mm	203	203	102
Dicke	»	4,5	5,0	5,6
endlose Länge . . .	m	18,27	17,75	18,5
Einheitsgewicht . . .	kg	0,0515	0,0484	0,0493

(Gewicht eines Streifens von 1 m Länge und 1 cm Breite.)

2) Dehnung im Stillstand.

Die Dehnung wurde genau so wie bei den Gliederriemen gemessen. Das in Abb. 13 dargestellte Ergebnis zeigt, daß die Dehnungskurve eine gerade Linie bis zu einer Spannung von 30 kg/cm bildet: der Elastizitätsmodul ist innerhalb dieser Grenze unveränderlich

$$= \frac{[30-5] \cdot \dfrac{10}{4,5}}{[6,65-0] \cdot \dfrac{1}{1000}} = 8350.$$

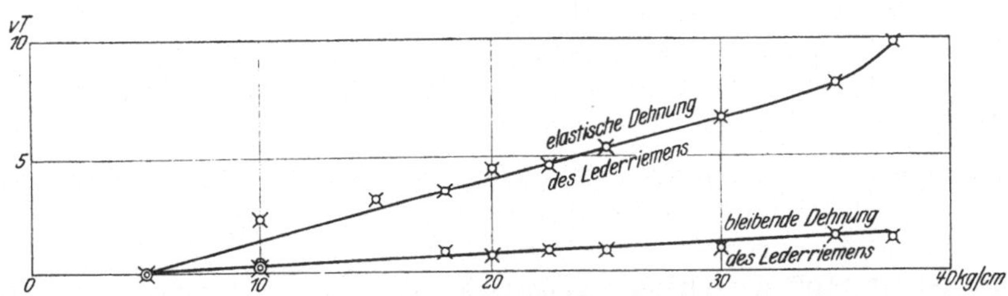

Abb. 13. Stillstandsdehnung des einfachen Lederriemens $LR\,2$.

Dieser Wert läßt erkennen, daß der Riemen sehr gut ausgereckt ist. Die bleibende Dehnung ist sehr klein im Verhältnis zur elastischen Dehnung: sie beträgt nur $\dfrac{0,125}{0,665} = 0,188$ der letzteren. Dieses

Elastizitätsverhältnis 0,188

kann als eine Art von Güteziffer des Riemens betrachtet werden; denn je größer die elastische Dehnung ist, desto besser wird der Riemen seine Spannung behalten; und je kleiner die bleibende Dehnung ist, desto seltener braucht er nachgespannt zu werden. Wegen des großen Einflusses der Belastungszeit ist die Dehnungsmessung im Stillstand nur von relativem Wert.

3) Dehnung im Lauf.

Die in Abb. 13 dargestellte Linie der bleibenden Dehnung war in der Weise entstanden, daß als Ordinaten die Dehnungen aufgetragen wurden, die bei Belastungen von 3 min Dauer entstanden. Würde man die Belastung längere Zeit einwirken lassen, dann würde die bleibende Dehnung sehr viel größer werden.

In gleicher Weise entsteht bei dem laufenden Riemen eine bleibende Dehnung, die einerseits in gleichem Verhältnis mit der Belastung wächst und sich anderseits nicht sofort, sondern erst nach einer gewissen Betriebzeit in voller Größe einstellt. Der Beharrungszustand ist erst dann erreicht, wenn die bleibende Dehnung nicht mehr zunimmt.

In Abb 14 sind die bleibenden Dehnungen in Abhängigkeit von der Betriebzeit dargestellt. Bei dem Versuch Nr. 2 mit dem Riemen von 203 mm Breite auf Riemenscheiben von 1250 mm Dmr. wurde der Beharrungszustand erst nach

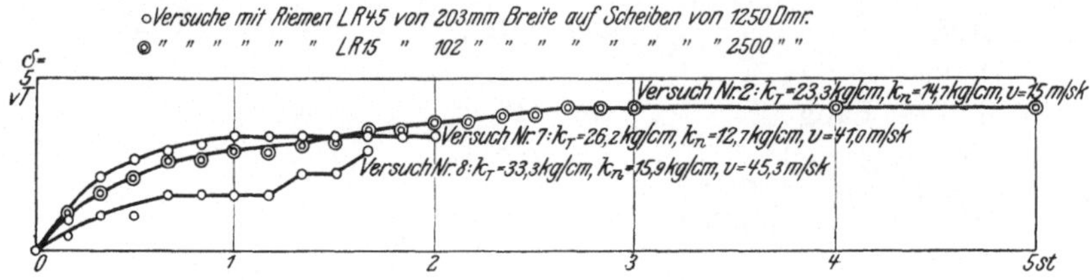

Abb. 14. Bleibende Dehnungen der einfachen Lederriemen $LR\,45$ und $LR\,15$.

3 st erreicht, nachdem die bleibende Dehnung auf 4,2 vT gestiegen war, wobei die Spannung im ziehenden Trum 23 kg/cm betrug. Bei dem Versuch Nr. 7 mit dem Riemen von 102 mm Breite auf Scheiben von 2500 mm Dmr. trat der Beharrungszustand bereits nach 1 st ein, mit einer bleibenden Dehnung von 3,3 vT und bei einer Spannung im ziehenden Trum von 26 kg/cm. Bei dem Versuch Nr. 8 mit dem gleichen Riemen auf denselben Scheiben schien vorerst der Beharrungszustand nach 40 min erreicht zu sein; denn von da an stieg die bleibende Dehnung 30 min lang nicht mehr; nach 70 min trat aber von neuem eine bleibende Dehnung auf und ebenso nach 90 min; tatsächlich war also bei diesem Versuch überhaupt kein Beharrungszustand erreichbar; der Riemen fließt. Offenbar lag die Spannung im ziehenden Trum mit 33 kg/cm bereits über der Elastizitätsgrenze.

Aus diesen Beobachtungen geht hervor, daß kurzzeitige Riemenversuche keinen Aufschluß über die zulässige Belastung geben können; nur mehrstündige Dauerversuche lassen erkennen, ob der Riemen steht oder fließt. Leder ist eben ein organischer Stoff mit einem eigenartigen Gefüge, das geraume Zeit braucht, um sich einem neuen Belastungszustand anzupassen.

4) Ueberschußspannung.

In Abb. 15 sind die Ueberschußspannungen als Ordinaten zu den zugehörigen Geschwindigkeiten als Abszissen aufgetragen. Eine durch die Versuchs-

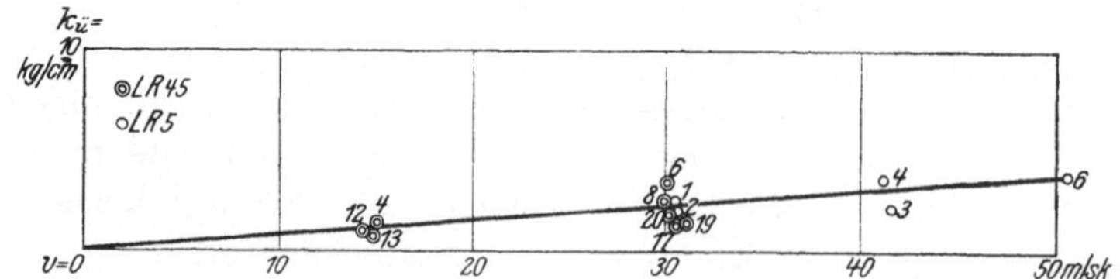

Abb. 15. Ueberschußspannungen der einfachen Lederriemen $LR\,15$ und $LR\,45$.

werte gelegte mittlere Linie stellt sich als eine durch den Nullpunkt gehende Gerade dar: die Ueberschußspannung wächst also in gleichem Verhältnis mit der Geschwindigkeit und steigt bis zu

$$k_ü = 3{,}8 \text{ bei } v = 50 \text{ m/sk.}$$

5) Reibung.

Der Reibungswert wurde in der gleichen Art wie bei den Gliederriemen
gemessen. Wie Abb. 16 zeigt, liegen die Reibungswerte der Ruhe und der Be-

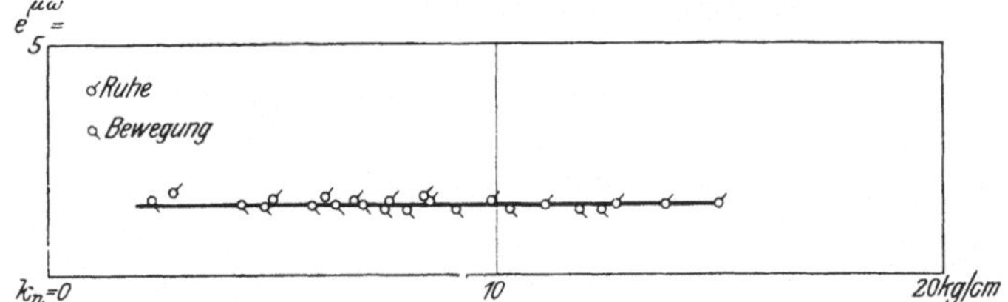

Abb. 16. Reibung des einfachen Lederriemens $LR\,2$ bei 1250 mm Dmr. und $\omega = \pi$.

wegung sehr dicht nebeneinander. Mit zunehmender Belastung sinkt der Reibungswert ein wenig. Bemerkenswert ist der niedrige Wert

$$e^{\mu\omega} = \infty \; 1{,}5.$$

6) Spannungsverhältnis und Schlupf.

Das Spannungsverhältnis

$$\varepsilon = \frac{k_a + {}^1\!/_2\,k_n}{k_a - {}^1\!/_2\,k_n}$$

überschreitet bei fast allen Versuchen den Wert 3 und steigt mit zunehmender
Nutzspannung bis nahezu 4, Abb. 17; es liegt also bei dem laufenden Riemen
reichlich doppelt so hoch, als es die Reibungsmessung am stillstehenden Riemen

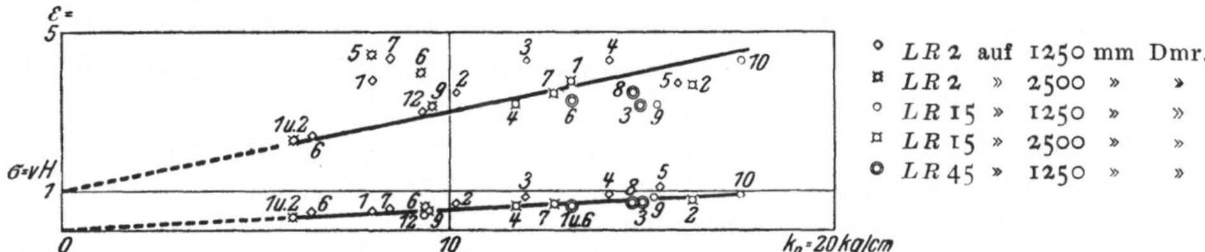

Abb. 17. Spannungsverhältnis und Schlupf der einfachen Lederriemen $LR\,2$, $LR\,15$ und $LR\,45$.

erwarten ließ, die für $e^{\mu\omega}$ nur den Wert 1,5 ergab. Die hohen Werte des Spannungsverhältnisses bedeuten, daß man hohe Nutzspannung mit geringer Vorspannung erreichen kann, daß also der Riemen eine hohe Nutzleistung übertragen kann, ohne eine scharfe Anspannung zu benötigen. Für die Lebensdauer
des Riemens ist dieser Umstand naturgemäß günstig. Aus der Schlupflinie
läßt sich der Elastizitätsmodul zu

$$\varepsilon = \frac{100}{1{,}0} \cdot 15{,}0 \cdot \frac{10}{4{,}5} = 3340$$

für den Riemen $LR\,2$ ableiten. Dieser Wert dürfte der Wirklichkeit näher
kommen als der aus der Dehnungsmessung berechnete. Für $LR\,15$ ergibt sich
$\varepsilon = 3130$.

7) Lagerdruck.

Ganz wie bei den Versuchen mit Gliederriemen wurden auch hier in einer
besonderen Darstellung, Abb. 18, die gemessenen Werte für

$$\lambda = \frac{2\,k_a}{k_n}$$

zusammengestellt, aus denen sich der Lagerdruck

$$A = \lambda\,b\,k_n$$

berechnen läßt. Aus Abb. 18 ist ersichtlich, daß die Werte für λ im wesentlichen zwischen den Grenzen $\lambda = 1{,}7$ bis $1{,}9$ liegen, daß also der Mittelwert $\lambda = $ rd. $1{,}8$ beträgt. Dieses Ergebnis würde überraschen, wenn man von den Messungen

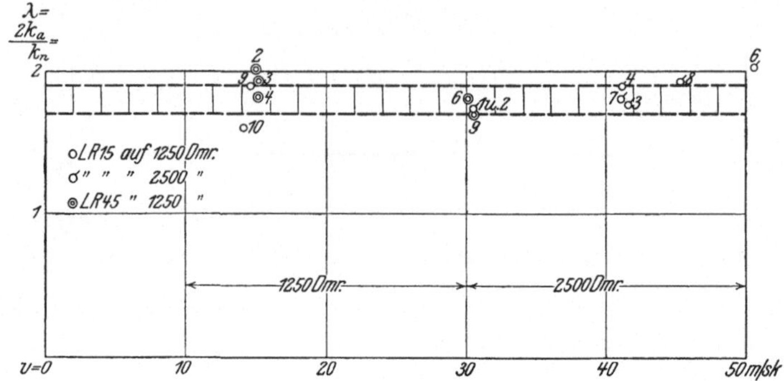

Abb. 18. Lagerdruck der einfachen Lederriemen $LR\,15$ und $LR\,45$ für $\omega = \pi$.

des Reibungswertes ausginge, die $e^{\mu\omega} = 1{,}5$ ergeben haben, woraus $\lambda = \dfrac{1{,}5 + 1}{1{,}5 - 1} = 5$ folgen würde; tatsächlich erreicht der Lagerdruck nur rund den dritten Teil dieses Wertes, nämlich $\lambda = 1{,}85$

8) Grenz-Nutzspannung.

In Abb. 19 sind die Ergebnisse von allen Versuchen mit den beiden Riemen $LR\,45$ und $LR\,15$ zusammengestellt. Aus dieser Zusammenstellung ist zunächst ersichtlich, daß bei den mit $v = 16$ m/sk ausgeführten Versuchen die Spannung im ziehenden Trum den Wert $k_T = 23$ kg/cm nicht überschritt; bei den Versuchen mit $v = 30$ m/sk lag k_T ungefähr bei 26 kg/cm. Demgemäß ist für k_T eine Linie gezogen, die bei $v = 10$ m/sk mit $k_T = 22$ kg/cm beginnt und bei $v = 50$ m/sk mit $k_T = 30$ kg/cm endet. Letzterer Wert hatte sich bei der Dehnungsmessung am laufenden Riemen als Elastizitätsgrenze ergeben. Die k_T-Werte aller Versuche liegen um die Linie gruppiert.

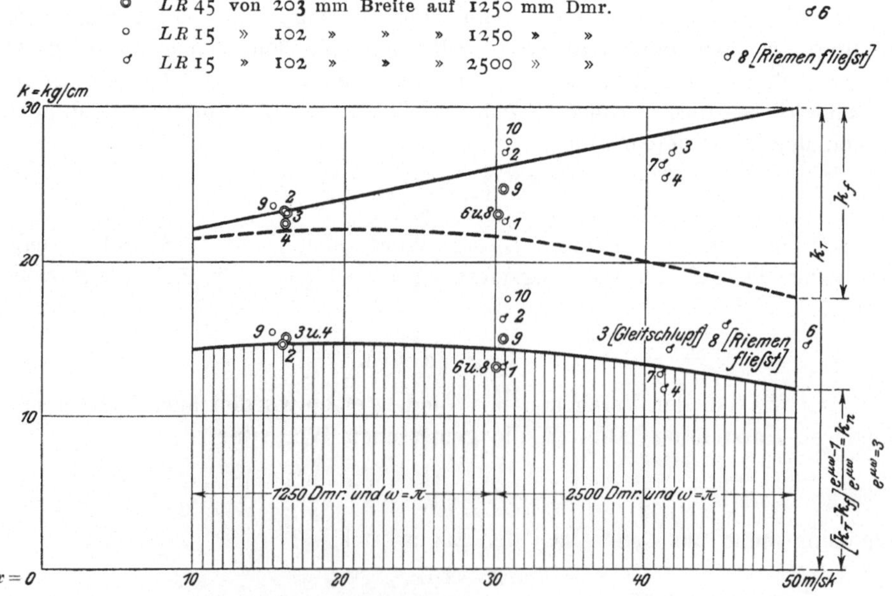

Abb. 19. Grenz-Nutzspannung der einfachen Lederriemen $LR\,45$ und $LR\,15$.

Von dieser Linie für k_T wurden nach abwärts die aus der Geschwindigkeit v und aus dem Einheitsgewicht q berechneten Fliehspannungen

$$k_f = \frac{q}{g}\, v^2$$

aufgetragen, so daß als Restordinaten die Werte $k_T - k_f$ blieben.

In Abb. 17 hatte sich das Spannungsverhältnis aller ausgeführten Versuche zu $\varepsilon = 3,2$ bis $3,8$ ergeben. Der Wert $e^{\mu\omega} = 3$ darf daher als sehr sicher gelten; es wird also für die vorliegenden Riemen

$$k_n = (k_T - k_f)\, \frac{e^{\mu\omega} - 1}{e^{\mu\omega}} = (k_T - k_f)\, {}^2/_3 .$$

Teilt man demgemäß die Restordinaten $k_T - k_f$ im Verhältnis $2:3$, so erhält man die zulässigen k_n-Werte; die so entstehende Grenzkurve ergibt $k_n = 14,7$ bei $v = 20$ m/sk und $k_n = 13,4$ bei 40 m/sk. Die k_n-Werte aller Versuche liegen größtenteils nahe an dieser Kurve, zum kleineren Teil darüber. Es darf also diese Grenzkurve als ausreichend zuverlässig betrachtet werden. Der linke Teil der Kurve von $v = 10$ bis 30 m/sk gilt für Riemenscheiben von 1250 mm Dmr. und für $\omega = \pi$, der rechte Teil der Kurve von $v = 30$ bis 50 m/sk für Riemenscheiben von 2500 mm Dmr. und für ebenfalls $\omega = \pi$. Bei kleineren Scheibendurchmessern und kleineren umschlungenen Bogen müssen die Werte von k_n unterhalb der angegebenen Grenzkurve gewählt werden.

Aus Abb. 19 ist zu erkennen, daß der Versuch Nr. 10 mit $LR\,15$ auf Scheiben von 1250 mm Dmr. eine ebenso hohe Nutzspannung ergeben hat, wie die Versuche Nr. 1 und 2 mit demselben Riemen auf Scheiben von 2500 mm Dmr. Es ist also für diese besonders schmiegsamen Riemen bereits hier die Grenze erreicht, wo eine weitere Steigung des Scheibendurchmessers keine nennenswerte weitere Erhöhung des Spannungsverhältnisses herbeiführt.

9) Grenz-Nutzleistung.

In Abb. 20 ist schließlich noch die bei jedem Versuch gemessene Nutzleistung auf 1 cm Riemenbreite

$$k_n\, v\, {}^1/_{75}$$

als Ordinate zur Riemengeschwindigkeit v als Abszisse dargestellt. Die Grenzlinie dieser Werte entspricht der Grenzlinie von Abb. 19 für die zulässige Nutzspannung.

Die Grenzlinie der Nutzleistung erreicht ihren Höchstwert erst bei einer Riemengeschwindigkeit von 50 m/sk, also außerhalb des Versuchsbereiches. Die günstigste Geschwindigkeit liegt also bei diesen Lederriemen außerordentlich hoch, weit außerhalb der gewöhnlich bei Riementrieben angewendeten Geschwindigkeiten.

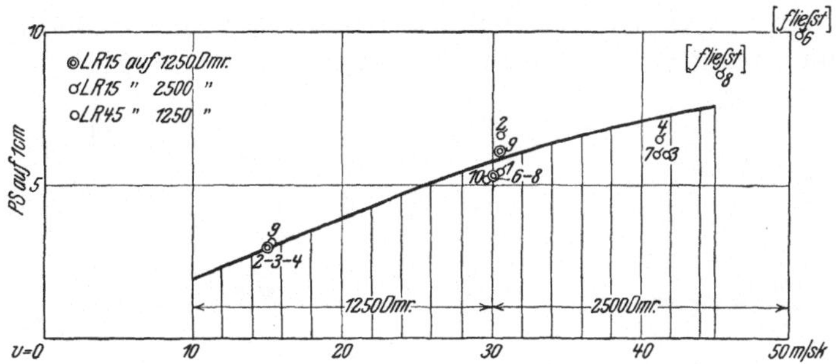

Abb. 20. Grenz-Nutzleistung der einfachen Lederriemen $LR\,15$ und $LR\,45$ für $\omega = \pi$.

10) Zusammenfassung.

Die Eigenart der vorliegenden Riemen wurde insgesamt durch folgende Erscheinungen gekennzeichnet:

1) Die elastische Dehnung ist groß, die bleibende klein; die Riemen behalten daher die Spannung sehr gut und brauchen nur selten nachgespannt zu werden.

2) Der Beharrungszustand der bleibenden Dehnung tritt erst nach geraumer Zeit ein. Diese Eigentümlichkeit ist günstig für Riementriebe mit großer Geschwindigkeit, weil die bleibende Dehnung infolgedessen bei raschem Spannungswechsel kleiner als bei langsamem Wechsel ausfällt.

3) Das Spannungsverhältnis hat sich bei allen Versuchen **mehr als doppelt so groß** ergeben, als der Reibungswert es bedingen würde. Diese Erscheinung **ist sehr günstig**, weil sie hohe Nutzspannung bei mäßiger Vorspannung ermöglicht.

4) Der Lagerdruck fällt infolgedessen gering aus, was dem Wirkungsgrad und der Lebensdauer der Lager zugute kommt.

5) Diese vorteilhafte Eigenschaft kann besonders dann gut ausgenutzt werden, wenn der Riementrieb mit einer Spannvorrichtung ausgerüstet ist.

6) Die Grenz-Nutzspannung erreicht sehr hohe Werte: reichlich 14 kg/cm bei $v = 10$ bis 30 m/sk und reichlich 13 kg/cm bei 40 m/sk. Der Höchstwert der mit 1 cm Riemenbreite übertragbaren Leistung wird erst bei $v = 50$ m/sk erreicht.

IV. Vergleichsversuche zwischen Fleischseite und Haarseite.

Von Amerikanern wird bekanntlich häufig behauptet, daß Riemen, die mit der Haarseite auf den Riemenscheiben aufliegen, sich im Betriebe günstiger verhalten als Riemen, die nach der bei uns gebräuchlichen Art mit der Fleischseite aufliegen. Es erschien darum sehr erwünscht, Vergleichsversuche auszuführen. Es wurde daher der 203 mm breite Riemen LR 45 mit der Haarseite auf die Riemenscheiben von 1250 mm Dmr. aufgelegt und zehn Dauerversuchen unterworfen, die unter denselben Bedingungen durchgeführt wurden, wie die bereits dargelegten Versuche mit dem auf der Fleischseite laufenden gleichen Riemen.

1) Spannungsverhältnis und Schlupf.

In Abb. 21 sind die Ergebnisse der vier Versuche mit Haarseite aufgetragen, die die brauchbarsten Werte lieferten. Das Spannungsverhältnis steigt nicht über den Wert 2, während der mit der Fleischseite laufende Riemen ein zwischen 3,2 und 3,8 liegendes Spannungsverhältnis ergeben hatte. Es schmiegt

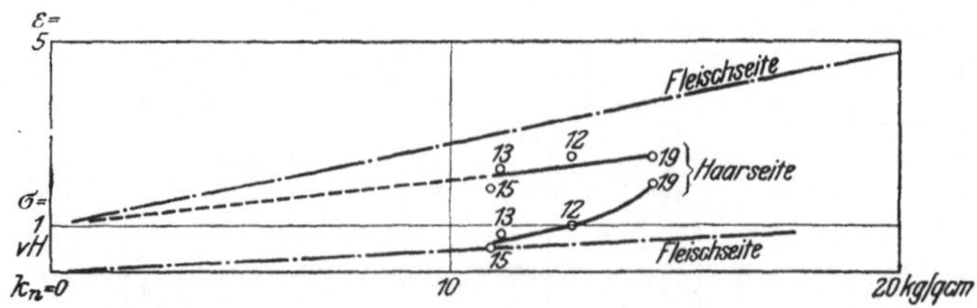

Abb. 21. Spannungsverhältnis und Schlupf des einfachen Lederriemens LR 45, auf Haarseite laufend.

sich also die Haarseite viel weniger gut an die Riemenscheibe an als die Fleischseite.

Der scheinbare Schlupf der Versuche mit Haarseite stimmt nur solange mit dem scheinbaren Schlupf der Versuche mit Fleischseite überein, als die Nutzspannung nicht über 11 kg cm steigt; darüber hinaus nimmt der Schlupf rasch zu und geht bei $k_n = 14$ kg/cm bereits in Gleitschlupf über, während das Spannungsverhältnis entsprechend rasch sinkt.

2) Lagerdruck.

Die Werte für $\lambda = \dfrac{2\,k_a}{k_n}$, die bei den vier brauchbarsten Versuchen mit Haarseite gefunden wurden, sind in Abb. 22 zusammengestellt. Nur bei dem Versuch Nr. 19, der, wie aus Abb. 21 ersichtlich war, bereits starken Gleitschlupf

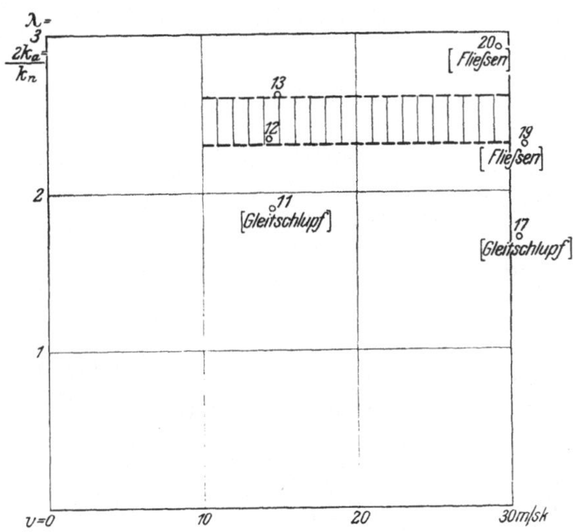

Abb. 22. Lagerdruck des einfachen Lederriemens LR 45, auf Haarseite laufend.

zeigte, also eigentlich unbrauchbar war, ergab sich ein Lagerdruckwert $\lambda = 1{,}7$; die anderen drei Versuche weisen ein $\lambda = 2{,}3$ bis 3,6 auf, also Werte, die im Durchschnitt um die Hälfte höher liegen, als die bei den Versuchen mit Fleischseite ermittelten, die im Durchschnitt $\lambda = 1{,}8$ ergaben.

3) Grenz-Nutzspannung.

In Abb. 23 sind die Spannungen k_T im ziehenden Trum und die Nutzspannungen von fünf Versuchen zusammengestellt, von denen indessen nur die Versuche Nr. 12 und 13 brauchbare Werte lieferten, weil bei den anderen drei Versuchen entweder Fließen des Riemens oder Gleitschlupf eintrat. Die Linien für die zulässigen k_T-Werte und für die $(k_T - k_f)$-Werte können naturgemäß ebenso gezogen werden wie bei den Versuchen mit Fleischseite, Abb. 19. Dagegen kann nach Abb. 21 für $e^{\mu\omega}$ nur der Wert 2 zugelassen werden statt des bei den Versuchen mit Fleischseite gefundenen Wertes $e^{\mu\omega} = 3$. Dann ergibt sich für die zulässigen Werte von

$$k_n = (k_T - k_f)\,\frac{e^{\mu\omega} - 1}{e^{\mu\omega}} = (k_T - k_f)\,{}^{1}\!/_{2}$$

eine Kurve, die den Wert $k_n = 11$ kg/cm nicht überschreitet, während sie bei Lauf auf Fleischseite bis $k_n = 14,6$ kg/cm stieg.

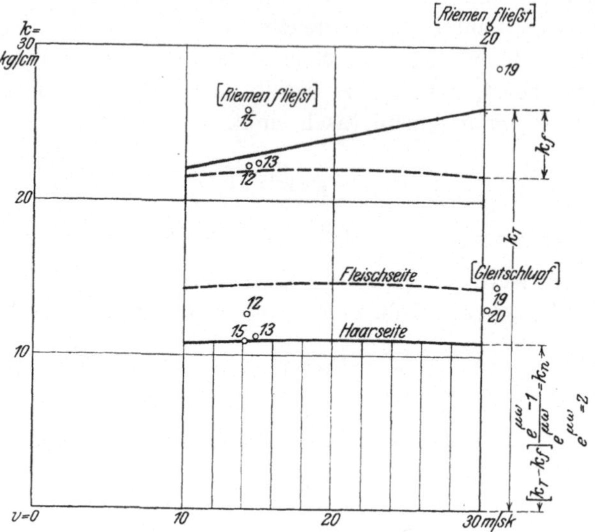

Abb. 23.   Grenz-Nutzspannung des einfachen Lederriemens $LR\,45$, auf Haarseite laufend.

4) Grenz-Nutzleistung.

Die mit 1 cm Riemenbreite übertragbare Nutzleistung $\dfrac{k\,v}{75}$ erreicht hier nur den Wert 4,3 PS bei $v = 30$ m/sk, Abb. 24, während sie bei den Versuchen mit

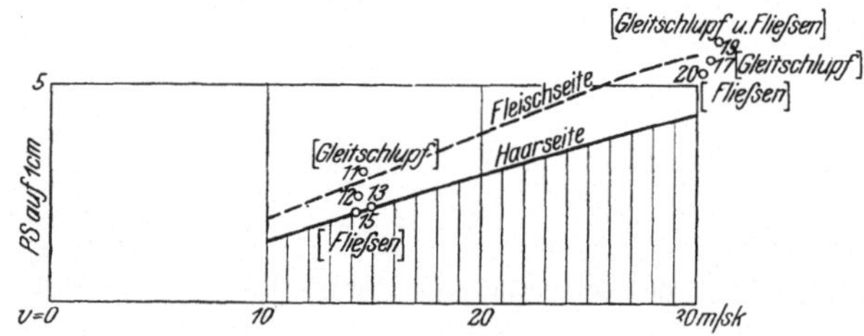

Abb. 24.   Grenz-Nutzleistung des einfachen Lederriemens $LR\,45$, auf Haarseite laufend,
für 1250 mm Dmr. und $\omega = \pi$.

Fleischseite bis zu 5,7 PS bei derselben Geschwindigkeit und bis zu 7,9 PS bei $v = 50$ m/sk stieg.

5) Zusammenfassung.

Bei dem Lauf auf der Haarseite ergab sich:

1) Das Spannungsverhältnis überschreitet den Wert $\varepsilon = 2$ kaum, während es sich bei der Fleischseite reichlich über 3 hielt.

2) Der Lagerdruck fällt entsprechend hoch aus.

3) Die Grenz-Nutzspannung bleibt um mehr als 3 kg/cm hinter der bei Fleischseite erreichbaren zurück.

4) Die Riemengeschwindigkeit kann nur bis auf 30 m/sk gebracht werden, während bei Fleischseite 50 m/sk erreichbar sind.

Es muß daher als durchaus unvorteilhaft bezeichnet werden, Riemen auf der Haarseite statt auf der Fleischseite laufen zu lassen.

Vermutlich wird auch die Lebensdauer eines auf der Haarseite laufenden Riemens geringer sein, weil er dabei nach dem Hinweis von C. O. Gehrckens in Hamburg mit einer Krümmung über die Riemenscheiben läuft, die der entgegengesetzt ist, mit der er auf dem Tierkörper gewachsen ist.

V. Versuche mit nassen Lederriemen.

Lederriemen können bekanntlich in feuchten Räumen laufen, wenn sie nicht mit gewöhnlichem Riemenleim, sondern mit wasserfestem Kitt hergestellt sind. In solchen Räumen enthält die Luft Feuchtigkeit, ohne daß der Riemen geradezu naß ist. Es tauchte nun die Frage auf, ob ein Lederriemen auch in vollkommen nassem Zustand laufen kann. Zur Beantwortung dieser Frage wurde auf das untere Trum eines laufenden Riemens eine Brause so gerichtet, daß sie die ganze Innenseite des Riemens mit Wasser bespülte. Das überschüssige Wasser wurde durch einen Schwamm fortgenommen, der kurz vor der Auflaufstelle des Riemens befestigt war. Durch diese Anordnung wurde erreicht, daß die Innenseite beider Riementrume auf ganze Breite mit einem gleichmäßigen dünnen Wasserschleier bedeckt war.

1) Dehnung im Lauf.

Es wurde zunächst ein Leerlaufversuch mit geringer Geschwindigkeit, 15 m/sk, und mit mäßiger Vorspannung, $k_v = 15$ kg/cm, ausgeführt. Der Beharrungszustand wurde, wie Abb. 25 zeigt, erst nach rund drei Stunden erreicht.

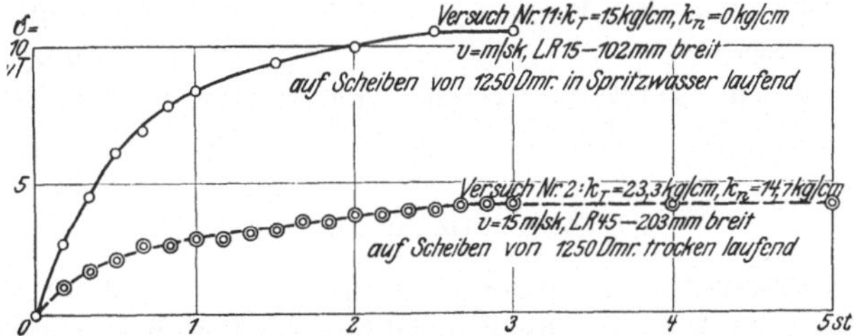

Abb. 25. Bleibende Dehnung des einfachen Lederriemens *L R* 15, in Spritzwasser laufend.

Zum Vergleich ist in derselben Abbildung ein Versuch mit dem gleichen Riemen im trocknen Zustand mit ebenfalls $v = 15$ m/sk und mit einer Gesamtspannung im ziehenden Trum $k_T = 23,3$ kg/cm, also mit etwas größerer Spannung dargestellt. Auch bei dem trocknen Riemen trat der Beharrungszustand erst nach dreistündigem Lauf ein, aber die Dehnung erreicht hier nur 4 vT, während sie bei dem nassen Riemen bis auf reichlich 10 vT stieg; es zeigt also der nasse Riemen eine mehr als doppelt so starke bleibende Dehnung als der trockne.

2) Spannungsverhältnis und Schlupf.

Es wurden nun einige Belastungsversuche ausgeführt, und zwar mit sehr geringen Nutzspannungen, die zwischen $k_n = 6,5$ und 4 kg/cm lagen. Der Riemen zeigte bei diesen Versuchen das Bestreben, seitwärts von den Scheiben herunterzugleiten; es konnte daher durchweg nur ein sehr kleines Spannungsverhältnis $\varepsilon = 1$ bis 1,5 erreicht werden, Abb. 26, während der gleiche Riemen in trockenem Zustand Nutzspannungen bis zu $k_n = 17$ mit einem Spannungsverhältnis von $\varepsilon = 3$ und darüber ertrug. Schließlich trat bei dem nassen Riemen mehr und mehr Gleitschlupf ein. Es wirkt also die Wasserschicht zwischen Scheibe und Riemen gewissermaßen wie die Oelschicht in einem Lager: sie vermindert die Reibung des Riemens an der Scheibe.

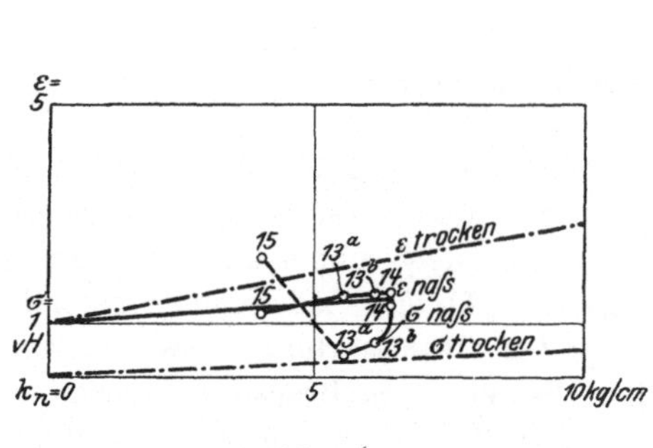

Abb. 26.

Spannungsverhältnis und Schlupf des einfachen Lederriemens $LR\,15$, in Spritzwasser laufend.

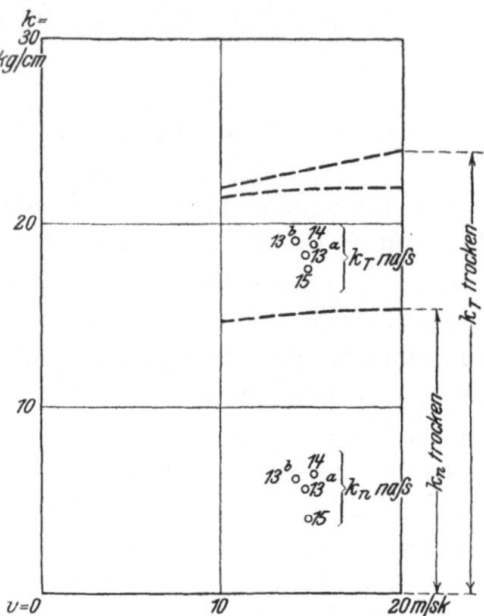

Abb. 27. Grenz-Nutzspannung des einfachen Lederriemens $LR\,15$, in Spritzwasser laufend.

3) Grenz-Nutzspannung.

Der nasse Riemen vertrug zwar eine ziemlich ebenso große Spannung k_T im ziehenden Trum wie der trockne; aber wegen des geringen erreichbaren Spannungsverhältnisses $\varepsilon = $ rd. 1 konnte die Nutzspannung nur auf den dritten Teil des Wertes gebracht werden, der im trocknen Zustand erreichbar war, Abb. 27.

4) Zusammenfassung.

Bei völlig nassem Zustand des Lederriemens bildet sich eine Wasserschicht zwischen Scheibe und Riemen, die Gleitschlupf herbeiführt und nur ein kleines Spannungsverhältnis zuläßt, so daß nur eine geringe Nutzspannung erreichbar ist, die höchstens ein Drittel der bei trocknem Zustand zulässigen Nutzspannung beträgt.

VI. Versuche mit heißen Lederriemen.

1) Abmessungen.

Für die Verwendung in heißen Räumen werden besondere Riemen hergestellt; ein solcher dem Versuchsfeld zur Verfügung gestellter Riemen hatte folgende Abmessungen:

Nr. . . . . $LR\,16$
Breite . . . . 102 mm
Dicke . . . . 5,5 »
endlose Länge . . . . 18,5 m
Einheitsgewicht . . . . 0,0392 kg
(Gewicht eines Streifens von
1 m Länge und 1 cm Breite.)

Dieser Riemen wurde zunächst in trocknem Zustand auf Scheiben von 1250 und 2500 mm Dmr. versucht; dann wurde ein Dampfzuleitungsrohr so angebracht, daß es Dampf von 60 bis 70° zwischen die treibende Scheibe und

Abb. 28.

den Riemen blies, Abb. 28; zu den Dampfversuchen wurden Scheiben von 1250 mm Dmr. gewählt.

2) Dehnung im Stillstand.

Sowohl die elastische wie die bleibende Dehnung des trocknen Riemens zeigt das Bild einer geraden Linie bis zu einer Spannung von 35 kg/cm Abb. 29. Der Elastizitätsmodul beträgt $\dfrac{[35 - 10]\ ^{10}/_5}{[33,2 - 9,2]\ ^1/_{1000}} = 2080$; bei dem Lederriemen $LR\,2$ war der Elastizitätsmodul 8350; der Riemen $LR\,16$ dehnt sich

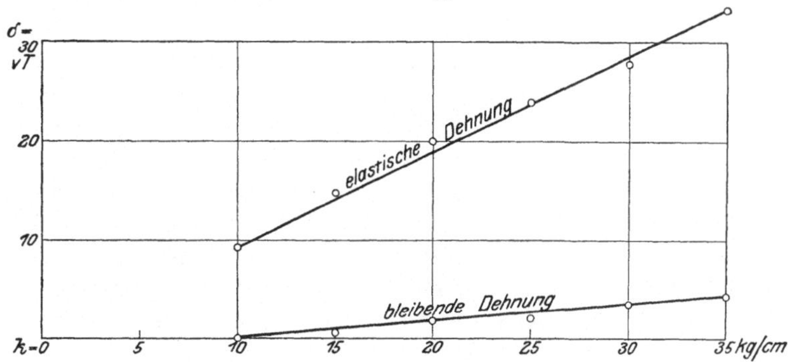

Abb. 29. Dehnung des Lederriemens $LR\,16$.

also um mehr als das Vierfache als der Lederriemen $LR\,2$. Die bleibende Dehnung beträgt $\dfrac{4,3}{33,3} = 0,129$ der elastischen Dehnung, ist also sehr klein gegen letztere. Wegen des großen Einflusses der Belastungszeit liefert die Dehnungsmessung nur relative Werte.

3) Dehnung im Lauf.

In Abb. 30 ist zunächst das Ergebnis eines trocknen Versuches dargestellt, der an zwei aufeinander folgenden Tagen durchgeführt wurde mit einer Dauer von 3 Stunden am ersten und von 2 Stunden am folgenden Tag: Versuche Nr. 8 und 9. Die Riemengeschwindigkeit war dabei gering: $v = \infty$ 15 m/sk. Die Spannung im ziehenden Trum betrug $k_T \infty$ 26 kg/cm; es war hierbei eine Nutzspannung von $k_n \infty$ 13 kg/cm erreichbar. Nach 2 Stunden trat der Beharrungszustand ein und blieb ununterbrochen 3 Stunden lang bestehen; der Riemen vermag also die Gesamtspannung von 26 kg/cm mit Sicherheit zu ertragen. Die bleibende Dehnung betrug dabei 2,5 vT.

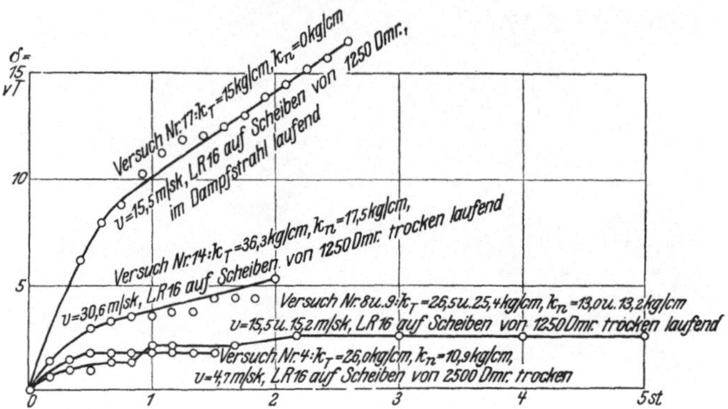

Abb. 30. Bleibende Dehnung des Lederriemens LR 16, trocken und im Dampfstrahl laufend.

Ein weiterer Versuch Nr. 4 mit trocknem Riemen wurde mit gleicher Spannung im ziehenden Trum $k_T = 26$ kg/cm, aber mit mehr als doppelt so großer Geschwindigkeit, $v = \infty$ 40 m/sk, angestellt; die Nutzspannung war dabei auf $k_n = \infty$ 11 kg ermäßigt worden. Hier wurde der Beharrungszustand bereits nach einer halben Stunde mit einer bleibenden Dehnung von 1,7 vT erreicht.

Bei dem ebenfalls trocknen Versuch Nr. 14 war die Spannung im ziehenden Trum bis auf den hohen Wert $k_T \doteq \infty$ 36 kg/cm gesteigert worden; hier konnte auch nach 2 Stunden noch kein Beharrungszustand erreicht werden; der Riemen hatte bereits eine bleibende Dehnung von 5 vT überschritten, reckte sich aber immer noch weiter aus. Die Gesamtspannung von 36 kg/cm ist demnach für den trocknen Riemen bereits zu hoch.

Im Gegensatz zu diesen drei mit trocknen Riemen angestellten Versuchen lief bei dem Versuch Nr. 17 der Riemen im Dampfstrahl. Trotzdem die Spannung im ziehenden Trum k_T nur 15 kg/cm betrug, war kein Beharrungszustand erzielbar; die bleibende Dehnung war von Anfang an sehr groß und nahm fortwährend zu. Nach 2½ Stunden war sie bereits auf 16 vT gestiegen. Das Ergebnis dieses Leerlaufversuches zeigt bereits, daß die starke Einwirkung feuchter Wärme, wie sie die Versuchsanordnung herbeiführte, den Riemen schon bei geringer Spannung zum Fließen bringt.

4) Ueberschußspannung.

Abb. 31 stellt die beobachteten Ueberschußspannungen

$$k_{\ddot{u}} = 2\,k_a - 2\,(k_v - k_f)$$

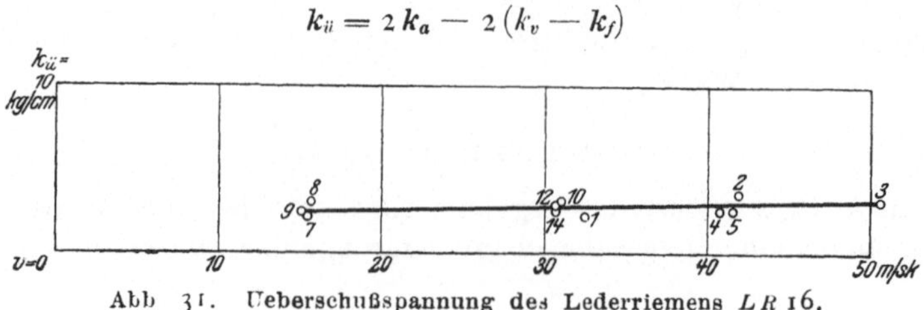

Abb 31. Ueberschußspannung des Lederriemens LR 16.

für den Riemen $L R$ 16 dar, die nahezu mit den in Abb. 15 verzeichneten Ueberschußspannungen der Riemen $L R$ 15 und $L R$ 45 übereinstimmen.

5) Reibung.

Bemerkenswert ist das Ergebnis der Reibungsversuche, Abb. 32; während bei normalen fetthaltigen Riemen der Wert $e^{\mu\omega}$ nur rd. 1,5 betrug, Abb. 17, ergab sich hier der Wert

$$e^{\mu\omega} = \infty\ 2,5.$$

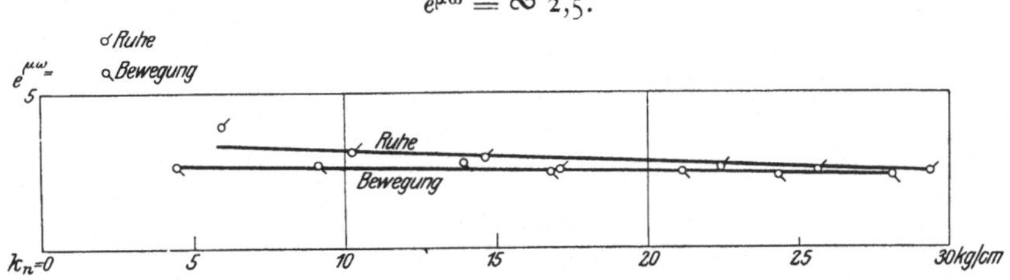

Abb. 32. Reibung des Lederriemens $L R$ 16 bei $\omega = \pi$ und 1250 mm Dmr.

Infolge der Entfettung ist die Riemenfläche rauh und erzeugt einen dementsprechend hohen Reibungswiderstand.

6) Spannungsverhältnis und Schlupf.

Man sollte erwarten, daß der beobachtete hohe Reibungswert des Riemens auch ein entsprechend hohes Spannungsverhältnis herbeiführen würde. Dem ist aber keineswegs so; während der Wert $e^{\mu\omega}$ bei dem vorliegenden Riemen doppelt so groß ist als bei dem fetthaltigen, beträgt das Spannungsverhältnis bei $k_n = 15$ nur $\varepsilon = 2,3$ bis 2,9 für den vorliegenden Riemen, Fig. 33, während es bei dem fetthaltigen Riemen $\varepsilon = 3,5$ für $k_n = 15$ gefunden wurde, Abb. 17.

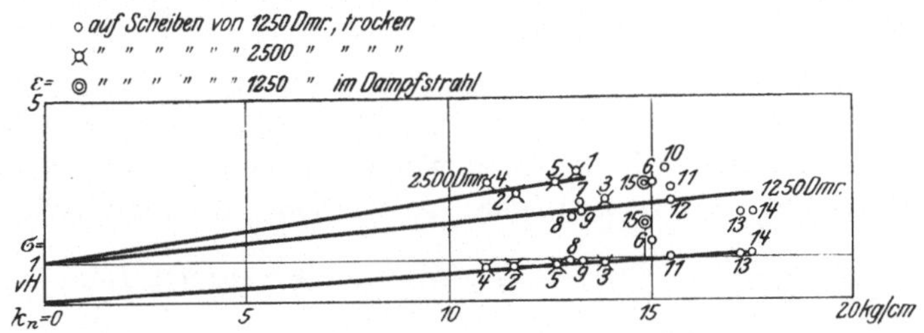

Abb. 33. Spannungsverhältnis und Schlupf des Lederriemens $L R$ 16.

Aus der Schlupflinie ergibt sich der Elastizitätsmodul zu $\varepsilon = 2730$. Der scheinbare Schlupf ist bei dem vorliegenden Riemen größer, $\sigma = 1$ vH bei $k_n = 20$ kg/cm, als bei dem fetthaltigen, $\sigma = 0,7$ vH bei $k_n = 20$ kg/cm, und zwar ist die Zunahme des Schlupfes größer als die Zunahme des Elastizitätskoeffizienten, der von $1/3130$ auf $1/2730$ gewachsen ist,

Bei den Versuchen mit Dampfstrahl trat jedesmal Gleitschlupf ein: Versuch Nr. 15 in Abb. 33.

7) Grenz-Nutzspannung.

Bei den Versuchen mit trocknem Riemen ließ sich eine Spannung im ziehenden Trum von

$$k_T = 26 \text{ kg/cm bei } v = 15 \text{ m/sk}$$

und

$$k_t = 28 \text{ kg/cm bei } v = 30 \text{ m/sk}$$

erzielen, ohne daß ein Fließen des Riemens eintrat, Abb. 34. Wohl aber geschah dies, sobald bei $v = 30$ m/sk die Spannung k_T auf 36 kg/cm gesteigert wurde. Nach den unter 3) dargelegten Ergebnissen war eine Spannung von $k_T = 26$ kg/cm bei $v = 40$ m/sk noch gut zulässig, während sich $k_T = 36$ kg/cm bei $v = 30$ m/sk

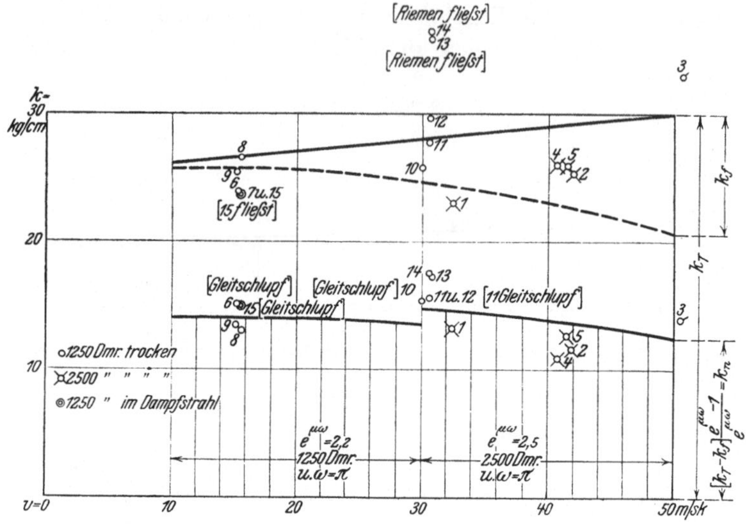

Abb. 34. Grenz-Nutzspannung des Lederriemens LR 16.

als zu hoch erwies. Aus allen diesen Werten ist zu schließen, daß eine Gesamt-Spannung von $k_T = 30$ kg/cm bei $v = 50$ m/sk als der äußerst zulässige Wert zu betrachten ist, während bei $v = 10$ m/sk nur ein $k_T = 26$ kg/cm zugelassen werden darf. Diesen Werten entspricht die in Abb. 34 eingezeichnete Linie für k_T. Durch Abzug von k_f von den Ordinaten dieser k_T-Linie ergibt sich die Kurve für die Werte $k_T - k_f$.

Das Spannungsverhältnis hatte sich aus Abb. 33 zu $\varepsilon = 2{,}3$ bis 2,4 für Scheiben von 1250 mm Dmr. und zu $\varepsilon = 2{,}8$ bis 2,9 für Scheiben von 2500 mm Dmr. ergeben. Wählt man sicherheitshalber nur die Werte $e^{\mu\omega} = 2{,}2$ für 1250 mm Dmr. und $e^{\mu\omega} = 2{,}5$ für 2500 mm Dmr., so werden die Grenz-Nutzspannungen

$$k_n = (k_T - k_f)\,\frac{2{,}2 - 1}{2{,}2} = (k_T - k_f)\,{}^6/_{11} \text{ für 1250 mm Dmr.}$$

$$k_n = (k_T - k_f)\,\frac{2{,}5 - 1}{2{,}5} = (k_T - k_f)\,{}^3/_5 \text{ für 2500 } \text{»} \quad \text{»}$$

Die Teilung der Ordinaten $k_T - k_f$ im Verhältnis ${}^6/_{11}$ bezw. ${}^3/_5$ ergibt die Grenzkurven der k_n-Werte. Die Nutzspannungen k_n der ausgeführten Versuche liegen durchweg in der Nähe dieser Grenzkurve.

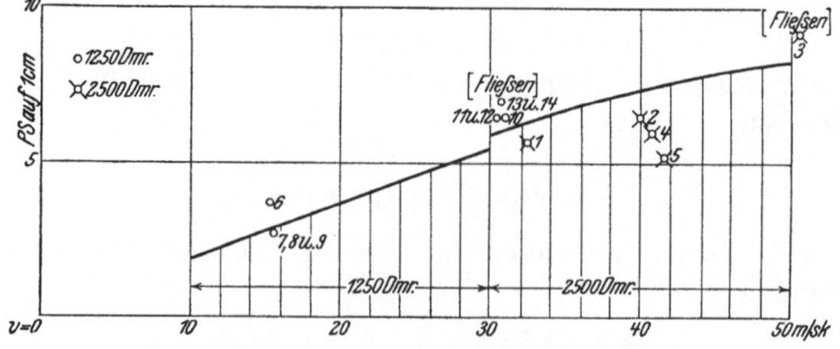

Abb. 35. Grenz-Nutzleistung des Lederriemens LR 16, trocken laufend bei $\omega = \pi$.

8) Grenz-Nutzleistung.

Die Grenzkurve der Nutzspannung sinkt nur wenig mit zunehmender Geschwindigkeit, dementsprechend steigt die Kurve für die mit 1 cm Riemenbreite übertragbare Nutzleistung $\dfrac{k\,v}{75}$ mit zunehmendem v stetig an und erreicht ihren höchsten Wert innerhalb der ausgeführten Versuchsreihe erst bei $v =$ 50 m/sk, Abb. 35.

All dies gilt für den trocknen Riemen. Bei den Versuchen mit Dampfstrahl trat sowohl Fließen des Riemens als Gleitschlupf ein: es vermag der Riemen bei dieser Mißhandlung keine Nutzspannung zu übertragen.

9) Zusammenfassung.

Vergleicht man die Ergebnisse der trocknen Versuche des vorliegenden Riemens, Abb. 34, mit gleichartigen Versuchen der fetthaltigen Riemen, Abb. 19, so findet man bei großem Scheibendurchmesser, 2500 mm, und großen Geschwindigkeiten, 30 bis 50 m/sk, eine ziemliche Uebereinstimmung der zulässigen Spannungen im ziehenden Trum k_T und der Grenz-Nutzspannungen; das größere Einheitsgewicht des fetthaltigen Riemens führt zwar eine ungünstige Fliehspannung herbei, aber dafür ist sein Spannungsverhältnis günstiger: $e^{\mu\omega} = 3$ statt 2,5.

Bei kleinem Scheibendurchmesser von 1250 mm Dmr. und kleinen Geschwindigkeiten, 10 bis 30 m/sk, verträgt der vorliegende Riemen eine höhere Spannung im ziehenden Trum als die fetthaltigen Riemen; dafür ist aber sein Spannungsverhältnis mit $e^{\mu\omega} = 2{,}2$ wesentlich ungünstiger als bei den fetthaltigen Riemen, die ein $e^{\mu\omega} = 3$ aufweisen. Diese beiden Einflüsse gleichen sich aus, so daß die Grenz-Nutzspannungen für die trocken laufenden Riemen mit und ohne Fettgehalt nahezu gleich groß sind. Die Fliehspannungen sind bei den kleinen Geschwindigkeiten so gering, daß ihr Unterschied verschwindet.

Da die Grenz-Nutzspannungen gleich groß sind, so stimmen auch die mit 1 cm Riemenbreite übertragbaren Nutzleistungen bei dem entfetteten und den fetthaltigen Riemen miteinander überein.

Bei den Versuchen mit Dampfstrahl konnte eine nennenswerte Nutzleistung nicht übertragen werden.

VII. Versuche mit schnellaufenden Doppelriemen.

1) Abmessungen.

Für die Erprobung mit hoher Geschwindigkeit bis zu 60 m/sk waren zunächst drei Doppelriemen von rd. 80 mm Breite zur Verfügung gestellt worden:

1) ein Doppelriemen $L\,R\,11$, dessen Lagen mittels Bronzedraht auf ganzer Länge miteinander vernäht waren, Abb. 36a,

2) ein Doppelriemen $L\,R\,12$, dessen Lagen mittels Lederstreifen auf ganzer Länge mit einander vernäht waren, Abb. 36b,

3) ein Doppelriemen $L\,R\,10$, dessen Lagen lediglich verleimt waren, und zwar so, daß die Kanten abwechselnd um 5 mm überstanden, Abb. 37.

Alle drei Riemen zeigten sich bei den Versuchen als so belastungsfähig, daß die Elektromotoren der Versuchsmaschine nicht ausreichten, um die Riemen voll zu belasten.

Es wurde daher noch ein vierter Riemen $LR\,14$ zur Verfügung gestellt, der ebenso hergestellt war wie der Riemen $LR\,10$, aber nur eine Breite von 45 mm hatte.

Die Abmessungen der vier Riemen betrugen:

Nr.		$LR\,11$	$LR\,12$	$LR\,10$	$LR\,14$
Breite	mm	73	72	80	45
Dicke	»	7,8	7,8	7,2	5,0
endlose Länge	m	17,785	17,705	19,010	18,425
Einheitsgewicht	kg	0,080	0,075	0,060	0,055

(Gewicht eines Streifens von 1 m Länge und 1 cm Breite.)

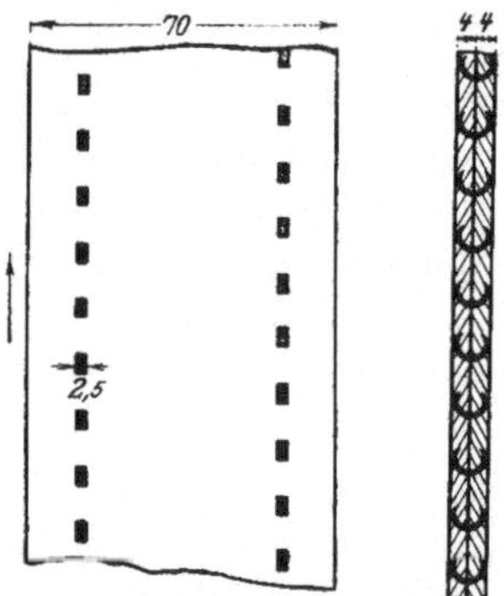

Abb. 36a. Gehefteter Lederriemen $LR\,11$.

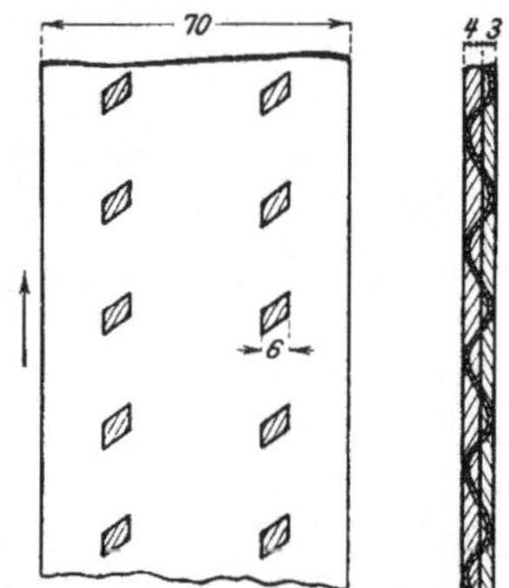

Abb. 36b. Genähter Lederriemen $LR\,12$.

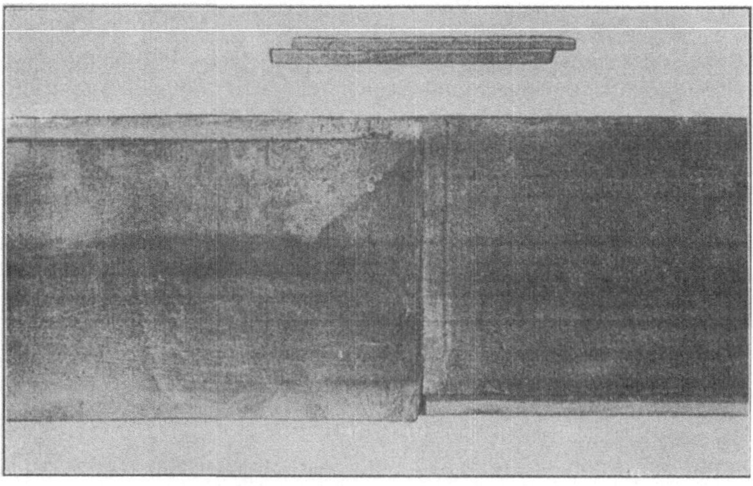

Abb. 37. Verleimter Doppelriemen $LR\,10$.

Da die Elektromotoren der Versuchsmaschine mehr als 600 Uml./min nicht aushalten, so konnten die hohen Geschwindigkeiten nur durch Riemenscheiben von großem Durchmesser erreicht werden.

2) Dehnung im Stillstand.

Die elastische Dehnung zeigt das Bild einer geraden Linie bis zu einer Spannung von 60 kg auf 1 cm Breite, Abb. 38. Aus der Linie ergibt sich der

$$\text{Elastizitätsmodul} = \frac{(60 - 10)\,\dfrac{10}{7{,}2}}{(22{,}6 - 3{,}8)\,\dfrac{1}{1000}} = 3100.$$

Der vorliegende Riemen $LR\,10$ ist also reichlich doppelt so elastisch als der Lederriemen $LR\,2$. Der gefundene Wert ist nur als ein relativer zu betrachten wegen des Einflusses der Belastungszeit.

Die bleibende Dehnung beträgt bei 60 kg/cm

$$\frac{2,9}{22,6} = 0,128$$

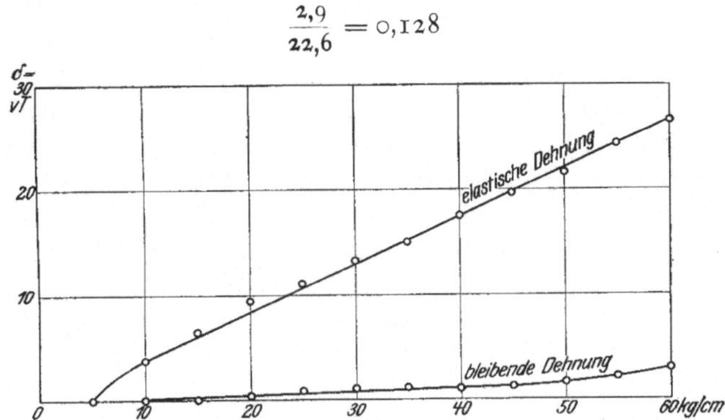

Abb. 38. Dehnung des geleimten Doppelriemens $LR\,10$.

der elastischen Dehnung, ist also sehr klein gegen letztere. Der Riemen $LR\,10$ hat große elastische und kleine bleibende Dehnung, zeigt also ein sehr günstiges Verhalten.

3) Dehnung im Lauf.

In Abb. 39 sind zunächst zwei Versuche Nr. 6 mit den genähten Doppelriemen $LR\,11$ und $LR\,12$ dargestellt, bei denen die Spannung im ziehenden Trum $k_T = 64{,}7$ bezw. $64{,}0$ betrug. Bei diesen beiden Versuchen wurde der Beharrungszustand sehr schnell erreicht, bereits nach 20 min bei $LR\,11$ und

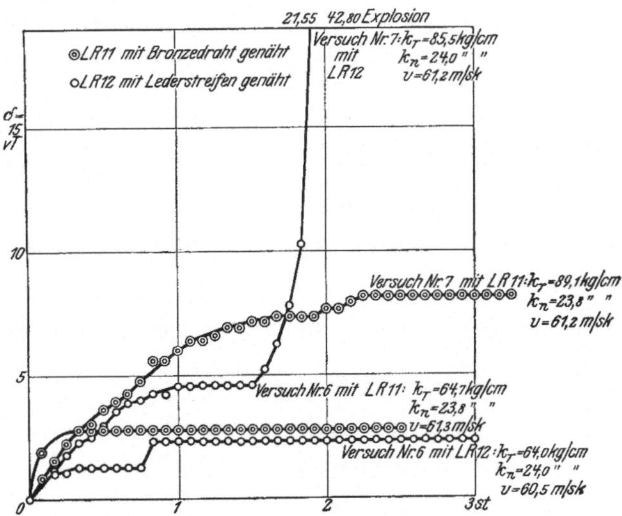

Abb. 39. Betriebsdehnung der genähten Doppelriemen $LR\,11$ und $LR\,12$ auf Scheiben von 2500 mm Dmr.

nach 50 min bei $LR\,12$. Die beiden Riemen vertrugen also diese Gesamtspannung sehr gut.

Ferner sind zwei Versuche Nr. 7 eingetragen, bei denen die Spannung im ziehenden Trum $k_T = 89{,}1$ bezw. $85{,}5$ kg/cm betrug. Der mit Bronzedraht genähte Riemen $LR\,11$ hielt diese Spannung sehr gut aus und **kam** nach etwas mehr als zweistündigem Lauf in den Beharrungszustand. Der mit Lederstreifen genähte Riemen $LR\,12$ schien nach einer Stunde den Beharrungszustand erreicht zu haben, fing aber nach einer weiteren halben Stunde plötzlich an, sich stark zu dehnen und riß nach insgesamt zweistündigem Betrieb. Der mit Lederstreifen genähte Riemen darf also im ziehenden Trum nicht so hoch belastet werden wie der mit Bronzedraht genähte. Dieses Ergebnis ist erklärlich, denn die breiten Schlitze für die Lederstreifen schwächen den Riemen mehr als die winzigen Löcher für den Bronzedraht.

Abb. 40 zeigt zwei Versuche mit dem geleimten Riemen $LR\,14$. Bei dem Versuch Nr. 6 betrug die Spannung im ziehenden Trum $k_T = 67{,}1$ kg/cm; hier wurde der Beharrungszustand bereits nach einer halben Stunde erreicht. Der Versuch Nr. 7 wurde mit einem $k_T = 87{,}2$ kg/cm ausgeführt; der Riemen dehnte

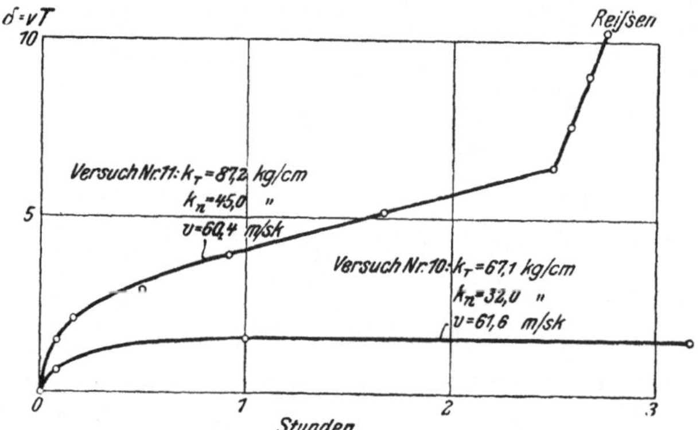

Abb. 40. Betriebsdehnung des geleimten Doppelriemens $LR\,14$.

sich dabei ganz gleichmäßig $2^{1}/_{2}$ Stunden lang; dann trat plötzlich eine sehr viel stärkere Dehnung ein, die nach einer Viertelstunde zum Zerreißen führte. Es zeigte sich, daß der sonst 5 mm starke Doppelriemen an einer Stelle nur 3,9 mm stark war; an eben dieser Stelle trat der Bruch ein. Wäre diese schwache Stelle nicht vorhanden gewesen, so hätte der Riemen voraussichtlich die Spannung $k_T = 87{,}2$ kg noch ausgehalten.

4) Ueberschußspannung.

In den Abb. 41 bis 43 sind die gemessenen Ueberschußspannungen

$$k_{ü} = 2\,k_a - 2\,(k_v - k_f)$$

der drei Doppelriemen $LR\,11$, $LR\,12$ und $LR\,14$ zusammengestellt. Bis zu der

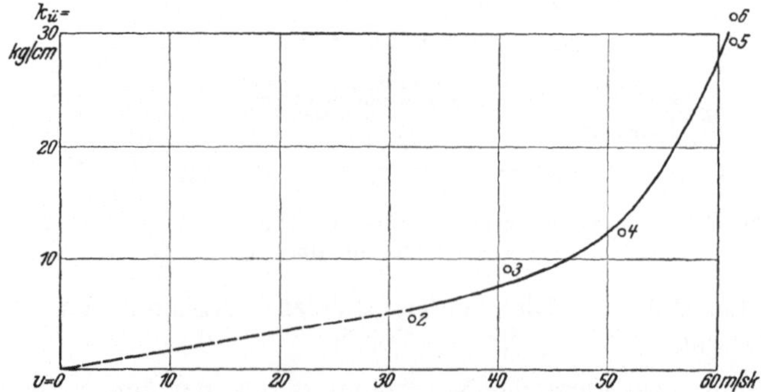

Abb. 41. Ueberschußspannung des genähten Doppelriemens $LR\,11$.

Geschwindigkeit $v = 50$ m/sk zeigen die drei Riemen ein sehr übereinstimmendes Verhalten: die Ueberschußspannung steigt in gleichem Verhältnis mit der Nutzspannung, und zwar bis zu dem hohen Wert von rd. 12 kg/cm bei $v = 50$ m/sk.

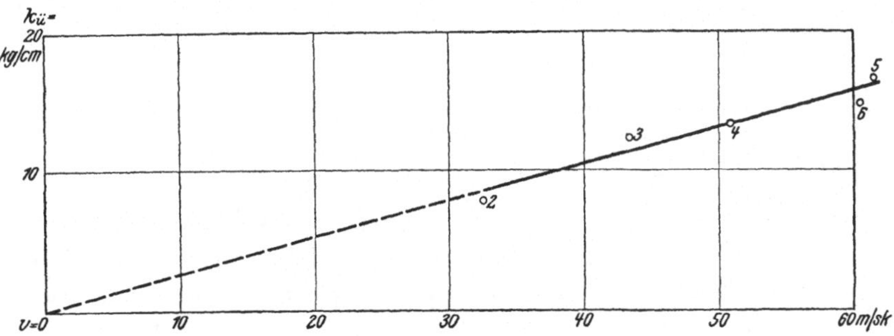

Abb. 42. Ueberschußspannung des genähten Doppelriemens LR 12.

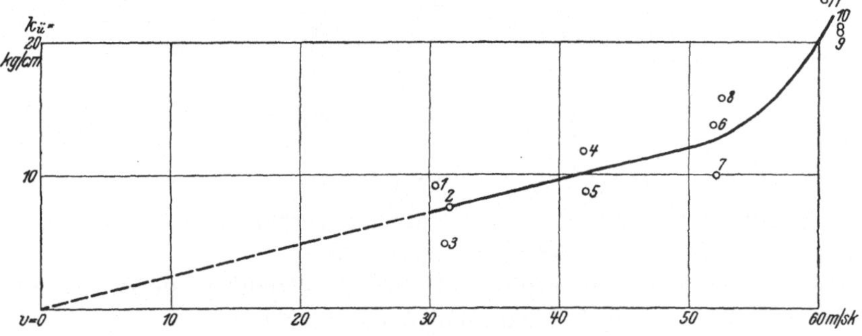

Abb. 43. Ueberschußspannung des geleimten Doppelriemens LR 14.

Bei Ueberschreitung dieser Geschwindigkeit tritt ein rasches Wachstum der Ueberschußspannung ein, wenigstens bei den Riemen LR 11 und LR 14.

5) Reibung.

Der Reibungsversuch ergab für den geleimten Doppelriemen LR 10 den geringsten bisher überhaupt beobachteten Wert, Fig. 44:

$$e^{\mu\omega} = 1,2,$$

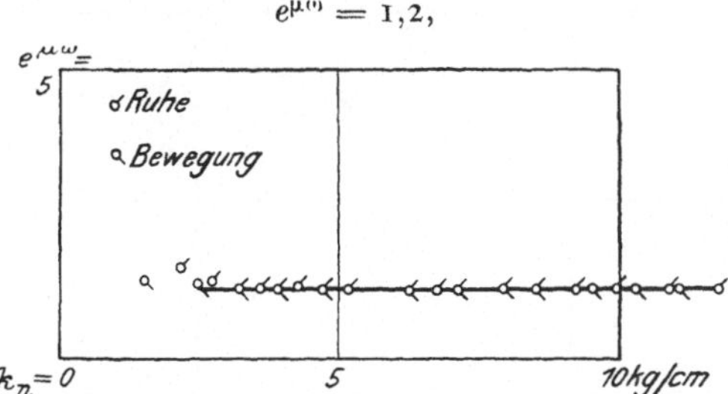

Abb. 44. Reibung des geleimten Doppelriemens LR 10 bei $\omega = \pi$ und 2500 mm Dmr.

während bei dem einfachen Riemen LR 2 der Wert $e^{\mu\omega} = 1,5$, Abb. 16, und bei dem entfetteten Riemen LR 16 der Wert $e^{\mu\omega} = 2,5$, Abb. 30, festgestellt worden war.

6) Spannungsverhältnis und Schlupf.

Bei dem entfetteten Riemen LR 16 war der Reibungswert groß, $e^{\mu\omega} = 2,5$, und das Spannungsverhältnis klein, $\iota \infty 2,5$; dieser Riemen arbeitete lediglich mit Reibung. Bei · dem vorliegenden Riemen ist umgekehrt der Reibungswert klein, $e^{\mu\omega} = 1,2$ und das Spannungsverhältnis groß, $\varepsilon \infty 5$.

Die Ergebnisse, Abb. 45 und 46, zeigen, daß sowohl bei den genähten wie

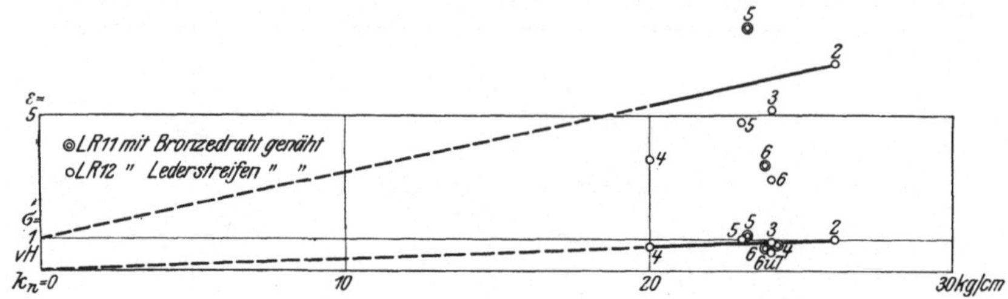

Abb. 45. Spannungsverhältnis und Schlupf des genähten Doppelriemens LR 11 und LR 12.

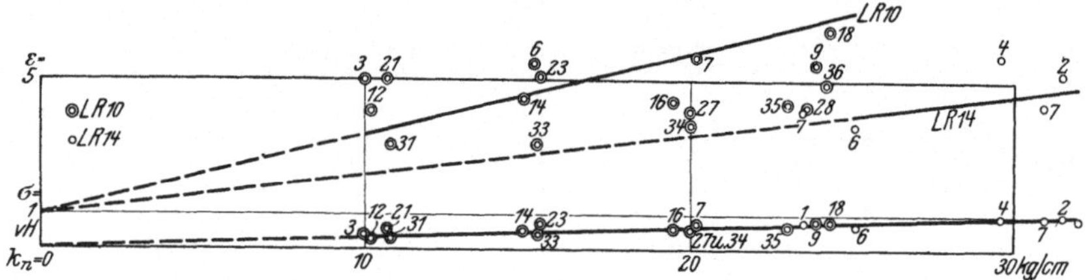

Abb. 46. Spannungsverhältnis und Schlupf der geleimten Doppelriemen LR 10 und LR 14.

bei den geleimten Doppelriemen das Spannungsverhältnis bei den meisten Versuchen um den Wert $\varepsilon = 5$ herum gruppiert liegt.

Aus den Schlupflinien ergibt sich der Elastizitätsmodul zu $E = 3340$ für LR 11 und LR 12 und zu $E = 4300$ für LR 10 und LR 14.

7) Lagerdruck.

Den hohen Werten des Spannungsverhältnisses, die bei diesen Versuchen gefunden wurden, entsprechen naturgemäß sehr niedrige Werte des Lagerdrucks. Die Werte

$$\lambda = \frac{2\,k_a}{k_n} = \frac{\varepsilon + 1}{\varepsilon - 1}$$

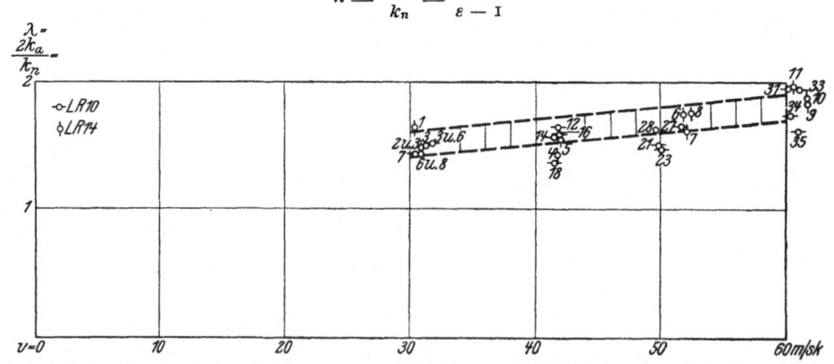

Abb. 47. Lagerdruck der geleimten Doppelriemen LR 10 und LR 14 für 2500 mm Dmr. und $\omega = \pi$.

für die geleimten Riemen LR 10 und LR 14 sind in Abb. 47 zusammengestellt; sie liegen zwischen den Grenzen

$$\lambda = 1,4 \text{ und } 1,9.$$

Zum Vergleich sei darauf hingewiesen, daß bei den einfachen Riemen LR 15 und LR 45 sich

$$\lambda = 1,7 \text{ bis } 1,9$$

ergeben hatte; es haften also die Doppelriemen an den Scheiben von 2500 mm Dmr. besser als die einfachen Riemen an den Scheiben von 1250 mm Dmr.

Die geringen beobachteten Lagerdrücke sind natürlich nur bei solchen Riementrieben erzielbar, die mit Spannvorrichtungen ausgerüstet sind; der Wert solcher Einrichtungen für die Verminderung des Lagerdruckes und die daraus folgende Ersparnis an Betriebskraft, Schmiermitteln und Abnutzung wird ohne weiteres klar, wenn man sich vergegenwärtigt, daß man bei Riementrieben ohne Spannvorrichtung mit einem Wert $\lambda = 3$, also dem doppelten des hier gemessenen zu rechnen pflegt.

8) Grenz-Nutzspannung.

Bei den Versuchen mit dem mit Lederstreifen genähten Riemen $L R\,12$ konnte die Spannung im ziehenden Trum bis auf $k_T = 64{,}0$ kg/cm bei $v = $ rd. 60 m/sk gesteigert werden, ohne daß Fließen eintrat; dies geschah erst, wenn k_T bis auf 85,5 kg/cm getrieben wurde, Abb. 48. Bei dem mit Bronzedraht genähten Riemen $L R\,11$ trat auch bei $k_T = 89{,}1$ kg/cm noch kein Fließen ein. Aus diesen Beobachtungen geht hervor, daß diese beiden Riemen jedenfalls eine Spannung im ziehenden Trum von $k_T = 60$ kg/cm bei $v = 60$ m/sk vertragen;

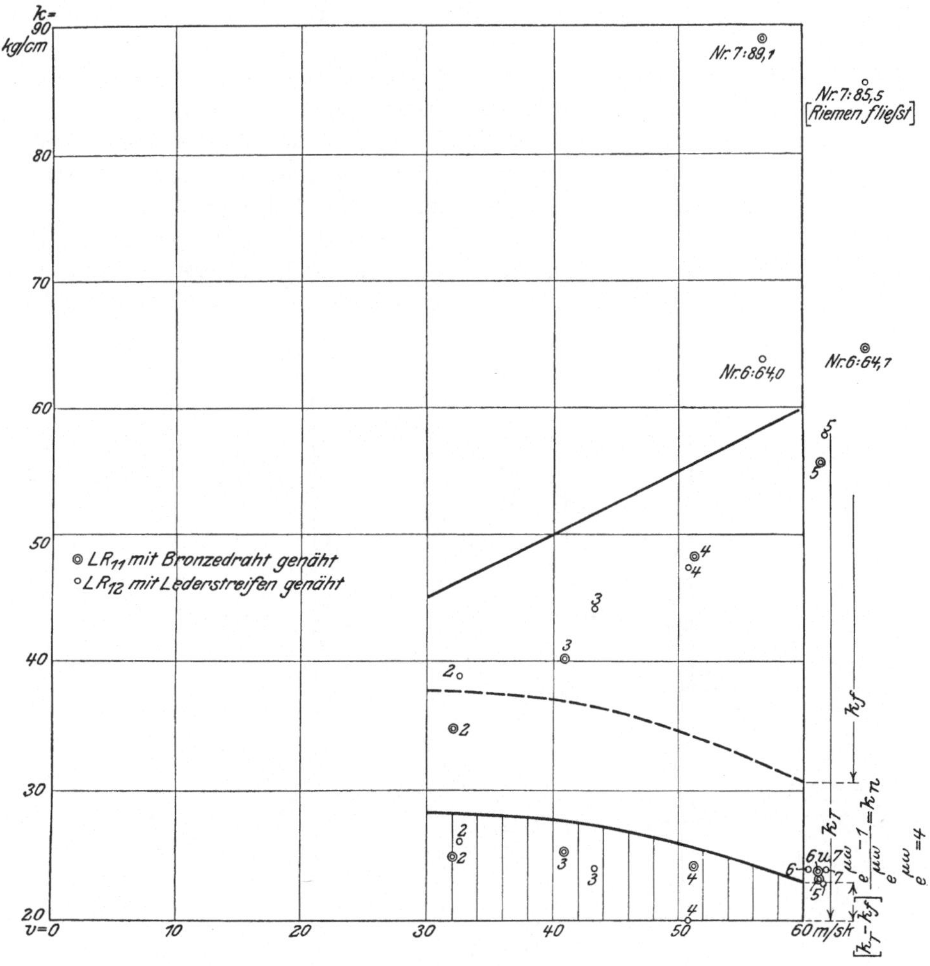

Abb. 48. Grenz-Nutzspannung der genähten Doppelriemen $L R\,11$ und $L R\,12$ für $\omega = \pi$ und 2500 mm Dmr.

der mit Bronzedraht genähte Riemen kann wohl noch höher belastet werden. Die in Abb. 48 gezogene Linie darf daher für diese beiden Riemen als eine Grenze betrachtet werden, die unter günstigen Verhältnissen noch überschritten werden kann. Durch Abzug der Fliehspannungen k_f von den Ordinaten der k_T-Linie ergibt sich die Kurve für die Werte $k_T - k_f$.

Die Werte für das Spannungsverhältnis erreichten und überschritten den Wert 5, Abb. 45. Es darf daher $e^{\mu\omega} = 4$ jedenfalls als zulässig betrachtet werden; hiermit werden die zulässigen Nutzspannungen

$$k_n = (k_T - k_f)\,\frac{4-1}{4} = (k_T - k_f)\,{}^3/_4.$$

Die Teilung der Ordinaten $k_T - k_f$ im Verhältnis $3 : 4$ ergibt die Grenzkurve für die k_n-Werte.

Zu beachten ist bei dieser Feststellung, daß die Elektromotoren der Versuchsmaschine eine höhere Leistung als 140 PS nicht zu übertragen vermochten, daß also die beiden Riemen $L\,R\,11$ und $L\,R\,12$ nicht bis zu ihrer vollen Tragfähigkeit belastet werden konnten. Bei den Versuchen Nr. 7 konnte lediglich die Vorspannung, nicht aber die Nutzspannung auf einen hohen Wert gebracht werden; die Versuche Nr. 7 erlauben aber den Schluß, daß die beiden Riemen imstande sind, eine Leistung von 200 PS noch zu übertragen. Da indessen eine unmittelbare Feststellung dieser Belastungsfähigkeit nicht möglich war, so gibt die in Abb. 48 gezeichnete Kurve nur die Grenze des Versuchsbereiches, bezeichnet aber nicht die Grenze des mit den beiden Riemen Erreichbaren.

Während sich die beiden genähten Riemen für die Leistung der Versuchsmaschine mit 70 mm als zu breit erwiesen, konnte der 45 mm breite geleimte Riemen $L\,R\,14$ bis zur Erschöpfung seiner Leistungsfähigkeit erprobt werden. Er hielt eine Spannung im ziehenden Trum von $k_T = 67{,}1$ kg/cm bei $v = $ rd. 60 m/sk noch sehr gut aus, Abb. 49, und riß erst bei einem $k_T = 95{,}9$ kg/cm. Mit diesem Ergebnis stimmt die Beobachtung überein, daß mit

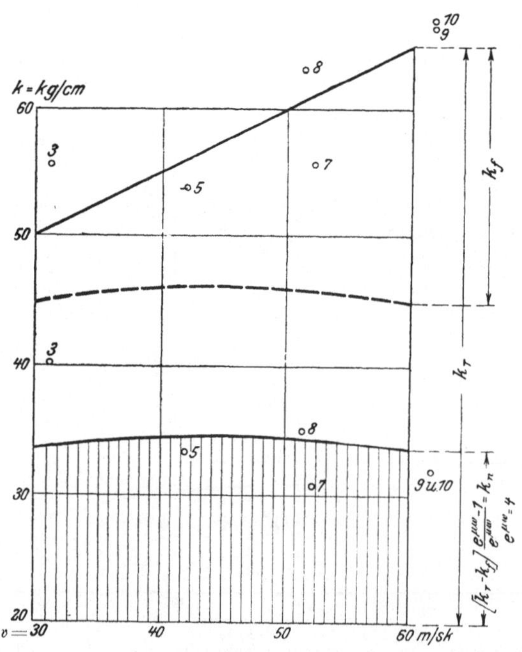

Abb. 49. Grenz-Nutzspannung des geleimten Doppelriemens $L\,R$ 14 für $\omega = \pi$ und 2500 mm Dmr.

dem gleichartigen Riemen LR 10 die Proportionalitätsgrenze bei $k = 60$ kg/cm noch nicht erreicht war, Abb. 38. Es darf daher eine k_T-Kurve, die bei $v = 60$ m/sk einen höchsten Wert von $k_T = 65$ kg/cm erreicht, als sicher zulässig betrachtet werden, Abb. 49.

Das Spannungsverhältnis war durchschnittlich zu $\varepsilon = 5$ festgestellt worden, Abb. 46; der Wert $e^{\mu\omega} = 4$ muß daher als sehr reichlich sicher bezeichnet werden. Durch Abzug der Fliehspannungen von den Ordinaten der k_T-Linie und durch Teilung der Restordinaten im Verhältnis $3:4$ ergibt sich die Grenzkurve der Nutzspannungen:

$$k_u = (k_T - k_f)\,\frac{4-1}{4} = (k_T - k_f)\,{}^3/_4.$$

9) Grenz-Nutzleistung.

Die Kurve für die mit 1 cm Riemenbreite übertragbare Nutzleistung $\frac{kv}{75}$ steigt bei den drei Doppelriemen LR 11, LR 12, LR 14 mit zunehmendem v rasch an und erreicht bei LR 14 und bei $v = 60$ m/sk einen Wert von 27 PS auf 1 cm Breite, Abb. 50. Der 45 mm breite Riemen hat bei $v = 60$ m/sk eine Leistung von 115 PS übertragen, wobei er schon nach einstündigem Betrieb den

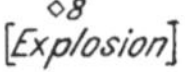

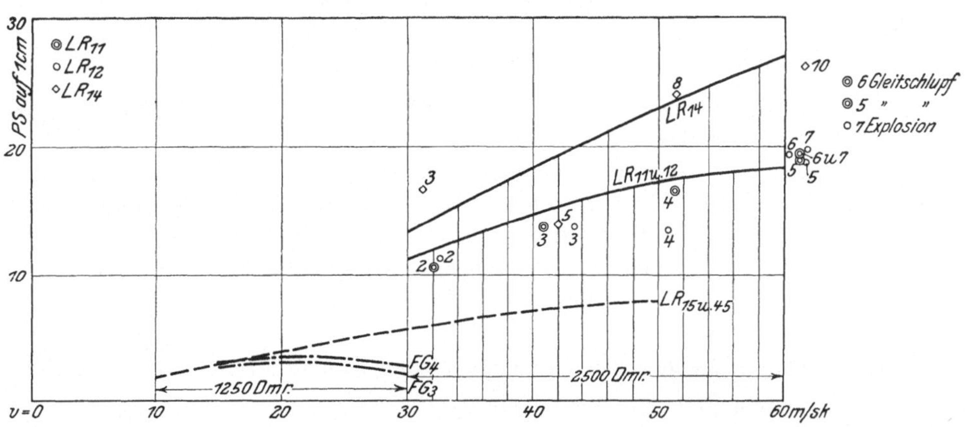

Abb. 50. Grenz-Nutzleistung der Lederdoppelriemen LR 11, LR 12 und LR 14 für 2500 mm Dmr. und $\omega = \pi$.

Beharrungszustand erreichte; er riß erst bei einer Leistung von 140 PS und würde wohl auch diese Leistung noch ertragen haben, wenn er nicht eine schwache Stelle gehabt hätte.

Die 80 mm breiten Doppelriemen LR 11 und LR 12 konnten nicht bis zu ihrer vollen Uebertragungsfähigkeit belastet werden, weil die Elektromotoren der Versuchsmaschine an der Grenze ihrer Leistungsfähigkeit angelangt waren.

10) Zusammenfassung.

Kennzeichnend für die vier untersuchten Doppelriemen ist die große Leistung, die sie bei hoher Geschwindigkeit — $v = 60$ m/sk — zu übertragen vermögen; sie steigt bei dem geleimten Doppelriemen LR 14 bis zu 27 PS auf 1 cm Riemenbreite. Nur für den 45 mm breiten Riemen reichte die Versuchsmaschine aus, für die 70 bis 80 mm breiten erwies sie sich als zu schwach.

3*

Im einzelnen ist zu bemerken:

1) Die elastische Dehnung ist groß, die bleibende klein; beide Eigenschaften wirken günstig für die Erhaltung der Spannung.

2) Die Riemen vertragen eine sehr hohe Spannung im ziehenden Trum, die bei allen vier Riemen bis zu $k_T = 65$ kg/cm betrug und bei dem Bronzedrahtriemen bis zu $k_T = 85$ kg/cm reichte.

3) Der Reibungswert ist besonders klein: $e^{\mu\omega} = 1,2$.

4) Dagegen erreichte das Spannungsverhältnis durchschnittlich den hohen Wert $\varepsilon = 5$

5) Dem hohen Spannungsverhältnis entspricht ein geringer Lagerdruck mit $\lambda = 1,4$ bis $1,8$, der als eine für den Riementrieb sehr günstige Eigenschaft zu bezeichnen ist.

6) Die Grenze der Nutzspannung konnte nur bei dem 45 mm breiten Riemen erreicht werden; für die breiteren Riemen waren die Motoren der Versuchsmaschine nicht stark genug. Die mit 1 cm Riemenbreite übertragbare Nutzleistung stieg mit zunehmender Geschwindigkeit bis zur höchsten erprobten Geschwindigkeit von 60 m/sk.

VIII. Versuche mit Geweberiemen.

1) Abmessungen.

Es standen 4 Geweberiemen zur Verfügung: ein Baumwollriemen, ein Balatariemen und zwei Kamelhaarriemen.

Der Baumwollriemen bestand aus 4 Lagen, die mit 16 Längsnähten unter sich verbunden waren. Das Gewebe war sehr fein und dicht; der Riemen war gut fetthaltig und erwies sich als sehr weich und geschmeidig.

Auch der Balatariemen war aus 4 Lagen hergestellt. Die Lauffläche zeigte feines Gewebe und war sehr eben. Der Riemen war weniger gut biegsam als der Baumwollriemen.

Die beiden Kamelhaarriemen unterschieden sich in Breite und Stärke.

Die Abmessungen der vier Riemen waren:

Art	Baumwolle	Balata	Kamelhaar	Kamelhaar
Nr.	$Bl\,R\,66$	$Ba\,R\,67$	$K\,R\,65$	$K\,R\,5$
Breite	mm 138	101,5	101	200
Dicke	» 6,0	5,0	5,5	7,5
endlose Länge	m 14,685	14,075	14,165	16,160
Einheitsgewicht	kg 0,0663	0,0520	0,0594	0,0803

(Gewicht eines Streifens von
1 m Länge und 1 cm Breite.)

Alle vier Riemen waren durch Jackson-Schloß verbunden, und zwar die drei schmalen Riemen durch je 2 Schalen, der breite Kamelhaarriemen durch 3 Schalen. Da die Schraubenköpfe dieses Schlosses ganz in das Gewebe versenkt sind, so liefen die Schlösser ohne Schlag über die Riemenscheiben. Abb. 51 zeigt das Schloß mit 3 Schalen für den breiten Riemen.

Die Versuche wurden durchweg mit Riemenscheiben von 1250 mm Dmr. ausgeführt; mit dem 200 mm breiten Kamelhaarriemen $K\,R\,5$ wurden auch einige Stichproben auf 2500 mm Riemenscheiben gemacht.

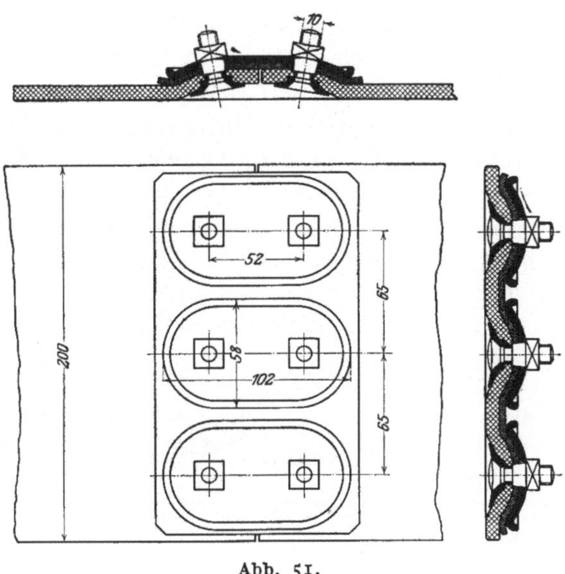

Abb. 51.

2) Dehnung im Stillstand.

Die elastische Dehnung des Kamelhaarriemens $KR\,5$ verläuft bis zu der Spannung von 30 kg/cm geradlinig, Abb. 52. Aus dem Verlauf zwischen o und 30 kg/cm ergibt sich der Elastizitätsmodul $= \dfrac{(30-\mathrm{o})\cdot\frac{\mathrm{10}}{7,5}}{(2,6-\mathrm{o})\cdot{}^1/_{1000}} = \infty\ 15\,400.$

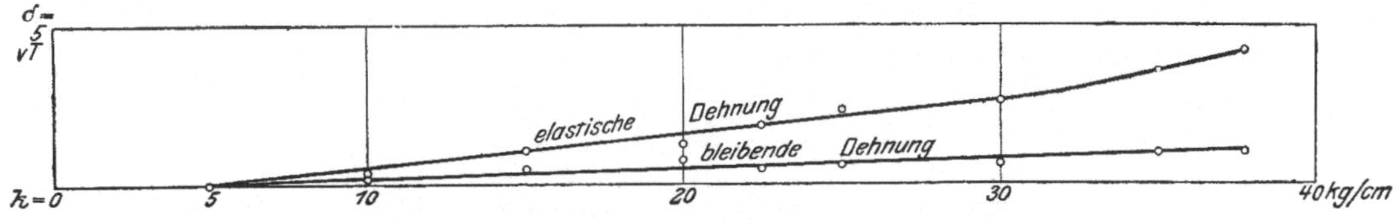

Abb. 52. Stillstandsdehnung des Kamelhaarriemens $KR\,5$.

Dieser Wert ist nur als ein relativer zu betrachten, weil er von der Belastungszeit abhängig ist.

Die bleibende Dehnung beträgt bei 30 kg/cm $\dfrac{\mathrm{o,8}}{2,6} = \mathrm{o,308}$ der elastischen Dehnung.

3) Dehnung im Lauf.

Der in Abb. 53 dargestellte Versuch Nr. 1 mit dem Baumwollriemen $BlR\,66$ läßt erkennen, daß bei einer Spannung im ziehenden Trum $k_T = 28,8$ kg/cm

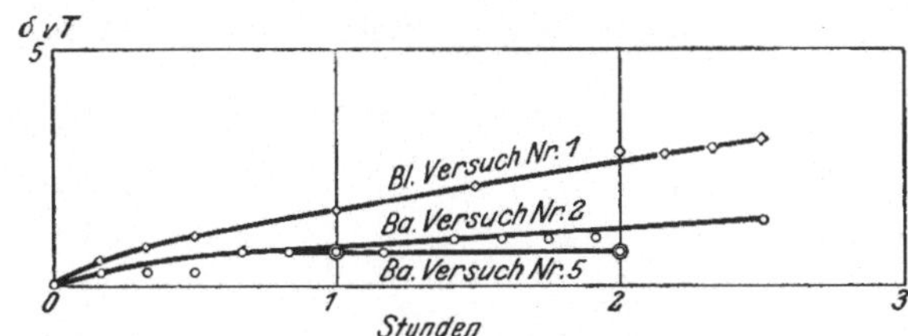

Bl Versuch Nr. 1: $k_T = 28,8$ kg/cm; $k_n = 18,8$ kg/cm; $v = 14,5$ m/sk
Ba » » 2: $k_T = 25,6$ » $k_n = 15,8$ » $v = 14,7$ »
Ba » » 5: $k_T = 22,9$ » $k_n = 12,8$ » $v = 30,3$ »

Abb. 53. Betriebsdehnung des Baumwollriemens $BlR\,66$ und des Balatariemens $BaR\,67$.

und bei $v = 14,5$ m/sk der Beharrungszustand auch bei $2\,^1/_2$ stündigem Lauf nicht erreicht wurde; ein anderer Versuch mit $k_T = 25,9$ kg/cm und $v = 15$ m/sk ergab sofort Beharrung.

Der Balatariemen *Ba R* 67 kam in den Beharrungszustand bei dem Versuch Nr. 5 mit $k_T = 22,9$ bei $v = 30,3$ m/sk; dagegen gelang ihm dies nicht mehr bei dem Versuch Nr. 2 mit $k_T = 25,6$ kg/cm bei $v = 14,7$ m/sk.

Der Kamelhaarriemen *K R* 65 erreichte schnell den Beharrungszustand bei dem Versuch Nr. 1 mit $k_T = 21,6$ kg/cm bei $v = 14,3$ m/sk, Abb. 54; bei den Versuchen Nr. 2 und 4 mit $k_T = 28,0$ bezw. 33,3 bei $v = 14,4$ und 15,4 m/sk kam die Dehnung erst nach zweistündigem Betrieb zum Stillstand.

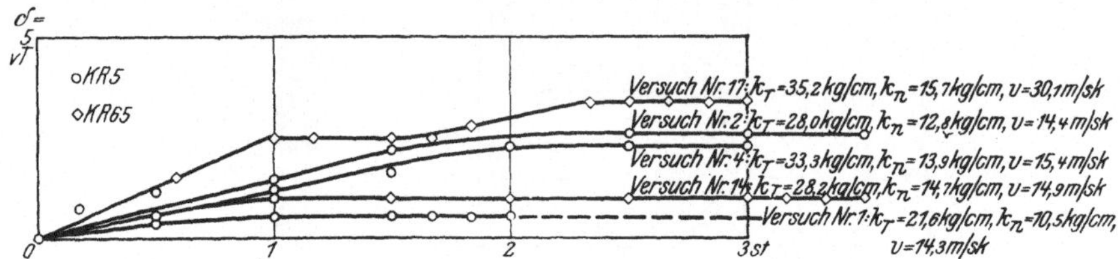

Abb. 54. Betriebsdehnung des Kamelhaarriemens *KR* 5 und *KR* 65.

Ein ganz ähnliches Verhalten zeigte der Kamelhaarriemen *K R* 5. Bei dem Versuch Nr. 14 mit $k_T = 28,2$ kg/cm und $v = 14,9$ m/sk gelangte er schon nach einer Stunde in den Beharrungszustand, bei dem Versuch Nr. 17 mit $k_T = 35,2$ kg/cm bei $v = 30,1$ m/sk aber erst nach $2\,^1/_2$ Stunden.

Die beiden Kamelhaarriemen zeigten ein eigentümliches Verhalten: sie hielten die Spannung, bei der sie im Lauf in den Beharrungszustand gekommen waren, im Stillstand nicht aus; der nachts unter Spannung stehende Riemen zeigte am nächsten Tag eine bleibende Dehnung.

4) Ueberschußspannung.

Die Ueberschußspannung trat bei allen vier Geweberiemen in gleichartiger Weise auf, Abb. 55, 56, 57 58; sie nahm mit steigender Geschwindigkeit nur

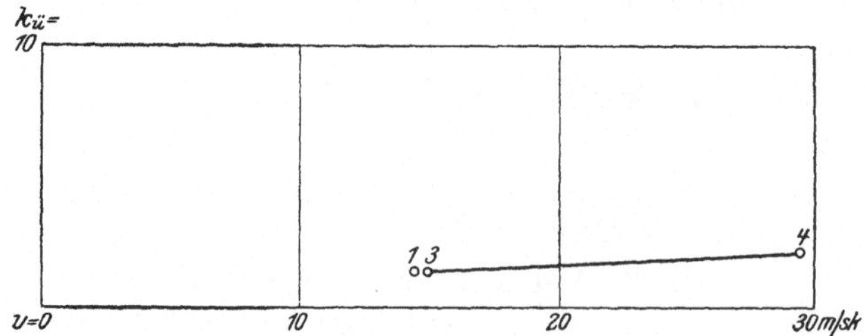

Abb. 55. Ueberschußspannung des Baumwollriemens *BlR* 66.

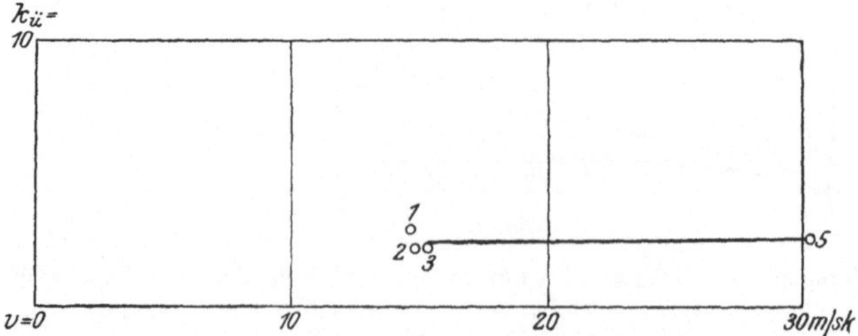

Abb. 56. Ueberschußspannung des Balatariemens *Ba R* 67

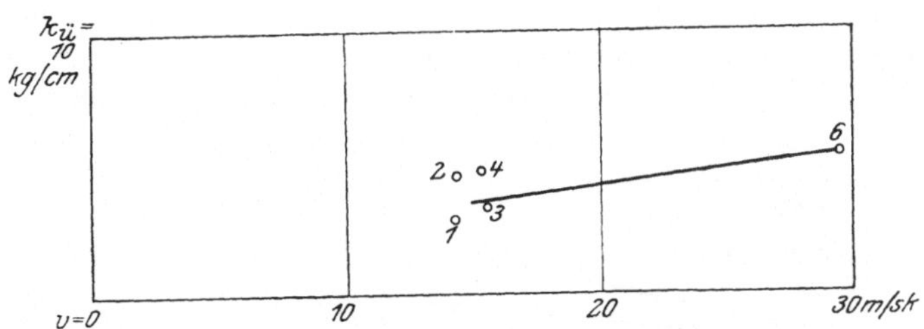

Abb. 57. Ueberschußspannung des Kamelhaarriemens $KR\,65$.

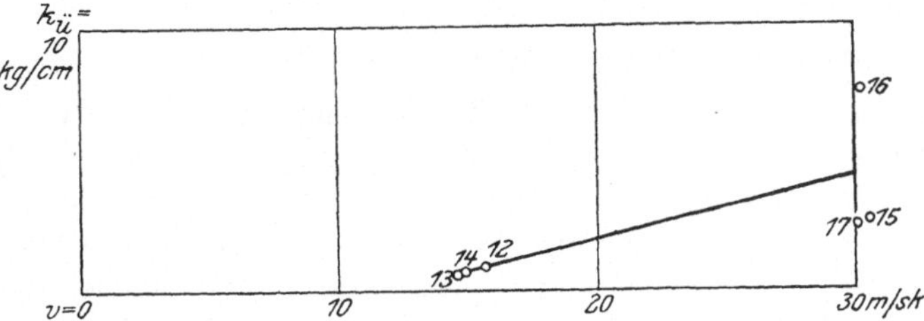

Abb. 58. Ueberschußspannung des Kamelhaarriemens $KR\,5$.

wenig zu und stieg auch bei $v = 30$ m/sk nicht über 2,5 kg/cm bei dem Baumwoll- und Balatariemen und nicht über 5 kg/cm bei den beiden Kamelhaarriemen.

5) Reibung.

Der Reibungswert erwies sich bei dem Kamelhaarriemen $K\,R\,5$ als verhältnismäßig hoch, Abb. 59; es fand sich

$$e^{\mu^{(\prime\prime)}} = \infty\ 2,1 \text{ für den Ruhezustand,}$$
$$e^{\mu^{(\prime\prime)}} = \infty\ 1,9 \text{ für den Bewegungszustand.}$$

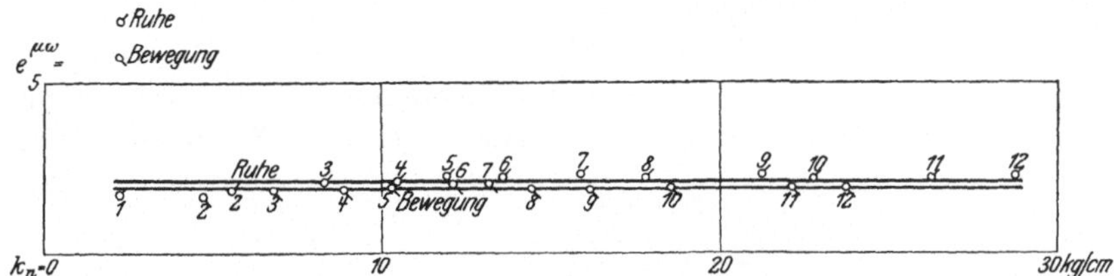

Abb. 59. Reibung des Kamelhaarriemens $K\,R\,5$ bei $\omega = \pi$ und 1250 mm Dmr.

Es liegen also der Reibungswert der Ruhe und der der Bewegung sehr dicht beieinander. Die Größe der Belastung zeigte keinen Einfluß.

6) Spannungsverhältnis und Schlupf.

Der Baumwollriemen und der Balatariemen haben gleich großes Spannungsverhältnis, Abb. 60, von $\varepsilon = \infty\ 3$.

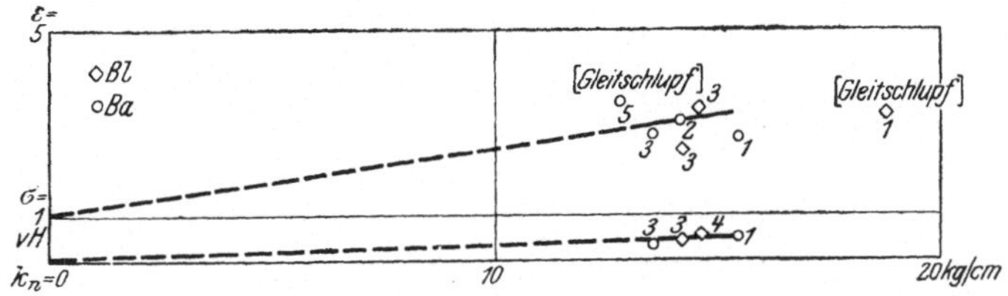

Abb. 60. Spannungsverhältnis und Schlupf des Baumwollriemens BlR 66 und des Balatariemens $Ba\,R$ 67.

Die beiden Kamelhaarriemen verhielten sich sehr verschieden hinsichtlich
des Spannungsverhältnisses; der Riemen $KR\,65$ ergab den sehr niedrigen Wert
$\varepsilon = \infty\,2$, während der Riemen $KR\,5$ den hohen Wert $\varepsilon = \infty\,4$ aufwies, Abb. 61.
Es haftet also der letztere Riemen besonders gut an den Scheiben. Diese Er-

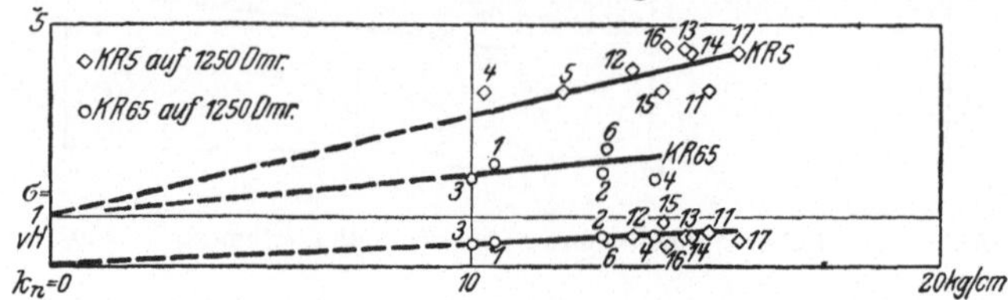

Abb. 61. Spannungsverhältnis und Schlupf des Kamelhaarriemens $KR\,5$ und $KR\,65$.

scheinung ist um so auffallender, als dieser Riemen nur einen verhältnismäßig
geringen Reibungswert gezeigt hatte: $e^{\mu\omega} = \infty\,2$. Die Lauffläche dieses Riemens
zeigte nach den Versuchen ein Netzwerk von kleinen Anlaufflächen, die im
einzelnen etwa 8 qmm groß waren und insgesamt etwa die Hälfte der Lauffläche bedeckten. Je dichter und glatter das Gewebe an der Lauffläche ist,
desto besser schmiegt sich ein Geweberiemen an die Scheibenoberfläche an; dieser
Umstand ist für die Brauchbarkeit und Leistungsfähigkeit eines Riemens sehr
wesentlich.

Der scheinbare Schlupf ist bei den Geweberiemen naturgemäß klein, weil
der Elastizitätsmodul groß ist; denn der Schlupf wächst bekanntlich im umge-
kehrten Verhältnis zu dem Elastizitätsmodul. Dieser ergab sich aus der Schlupflinie zu

$$\varepsilon = 3200 \text{ für } KR\,5,$$
$$\varepsilon = 4400 \text{ » } KR\,65,$$
$$\varepsilon = 5000 \text{ » } Bl\,R\,66 \text{ und}$$
$$\varepsilon = 10000 \text{ » } Ba\,R\,67.$$

7) Lagerdruck.

Den verschieden großen Werten des Spannungsverhältnisses entsprechen
ebenso verschiedene Werte des Lagerdruckes: bei dem Baumwollriemen und

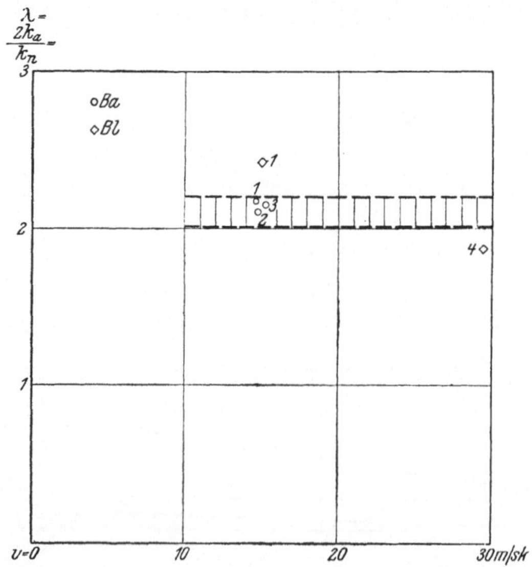

Abb. 62. Lagerdruck der Geweberiemen $Bl\,R\,66$ und $Ba\,R\,67$ für 1250 mm Dmr. und $\omega = \pi$.

dem Balatariemen, Abb. 62, liegt der Lagerdruck ungefähr zwischen den Grenzen $\lambda = \dfrac{2\,k_a}{k_n} = 2{,}0$ bis $2{,}2$. Bei den beiden Kamelhaarriemen dagegen, Abb. 63, sind die Grenzen $\lambda = 2{,}4$ bis $2{,}8$.

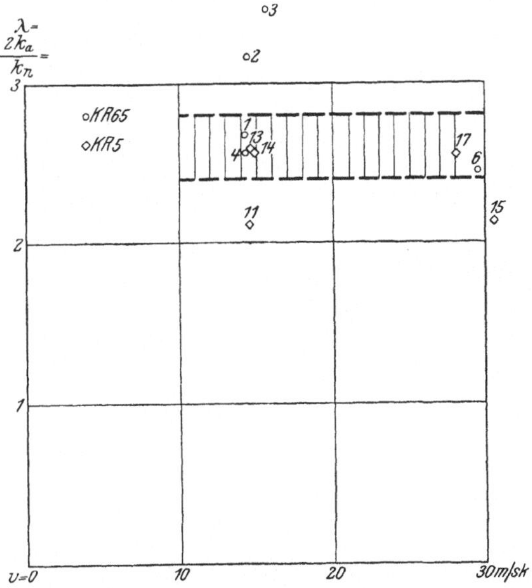

Abb. 63. Lagerdruck der Kamelhaarriemen $KR\,5$ und $KR\,65$ für 1250 mm Dmr. und $\omega = \pi$.

Diese geringen Werte des Lagerdruckes sind naturgemäß nur bei Riementrieben mit irgend einer Spannvorrichtung erreichbar, bei denen jede Dehnung immer wieder ausgeglichen werden kann. Besonders gilt dies für die beiden Kamelhaarriemen, die, wie unter 3) erwähnt, die besondere Eigenschaft zeigen, daß sie sich im Stillstand bei einer Vorspannung ausdehnen, die sie im Lauf vertragen.

8) Grenz-Nutzspannung.

Der Baumwollriemen konnte nach den unter 3) dargelegten Ergebnissen eine Spannung im ziehenden Trum $k_T = 25{,}9$ kg/cm bei $v = $ rd. 15 m/sk noch ertragen, ein $k_T = 28{,}8$ kg/cm bei demselben v aber nicht mehr; man wird daher bei der Festsetzung der zulässigen Gesamtspannung dieses kaum höher als $k_T = 26$ bei $v = 15$ annehmen dürfen. Bei höherer Geschwindigkeit wird man nach den Erfahrungen mit allen anderen Riemen eine Steigerung von k_T zulassen dürfen etwa bis auf $k_T = 30$ bei $v = 25$. Größere Geschwindigkeiten kommen bei diesem Riemen nicht in Frage, da er wegen des Einflusses des Riemenschlosses bereits bei $v = 30$ m/sk nicht mehr betriebsicher lief. Wie Abb. 64 zeigt, liegen die k_T-Werte der brauchbaren Versuche in der Nähe der festgesetzten 26- bis 30-Linie.

Von den Ordinaten dieser k_T-Linie ist zunächst wie bisher die Fliehspannung k_f abzuziehen. Abweichend von den bisher untersuchten schloßlosen Riemen tritt eine neue Erscheinung auf: die durch das Riemenschloß hervorgerufene zusätzliche Fliehspannung. Durch die Massenwirkung des Schlosses entsteht während des Ueberlaufes des Schlosses über die Scheibe in dem Riemen eine zusätzliche Spannung; wie in dem Abschnitt XI 1) später dargelegt wird, erreicht diese zusätzliche Spannung den Wert

$$\frac{G}{bl}\,\frac{v^2}{g}\,,$$

wobei unter G das Gewicht des Riemenschlosses in kg, unter l seine Länge in m, unter b die Riemenbreite in cm, unter v die Riemengeschwindigkeit in m/sk und unter g die Erdbeschleunigung zu verstehen ist. Diese zusätzliche Spannung wirkt jedoch nicht stetig, sondern nur solange, als sich das Schloß auf

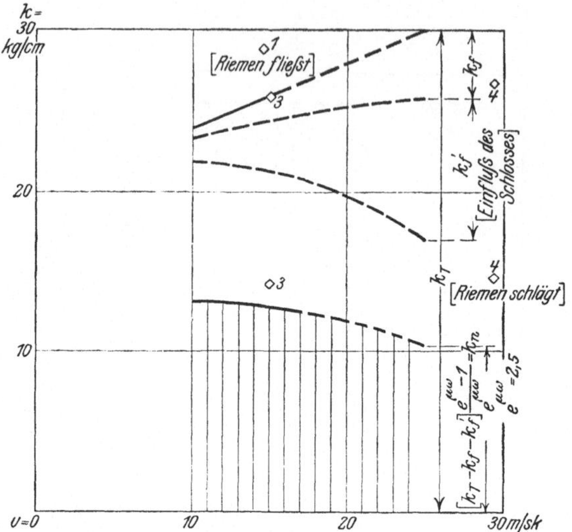

Abb. 64. Grenz-Nutzspannung des Baumwollriemens BlR 66 für 1250 mm Dmr. und $\omega = \pi$.

dem Umfang der Riemenscheibe befindet; die durchschnittliche zusätzliche Spannung müßte daher im Verhältnis der Wirkungsdauer zur Gesamtdauer eines Umlaufes, das heißt im Verhältnis der beiden halben Scheibenumfänge zu der Riemenlänge kleiner als die vorübergehende zusätzliche Spannung angenommen werden; es wird dann die durchschnittliche zusätzliche Fliehspannung

$$k_f' = \frac{G}{bl}\;\frac{v^2}{g}\;\frac{D\pi}{L},$$

wobei mit D der Scheibendurchmesser in m und mit L die Riemenlänge in m bezeichnet wird.

Für den Baumwollriemen wird

$$k_f' = \frac{0,6}{13,8 \cdot 0,08}\;\frac{v^2}{9,81}\;\frac{1,25}{15.4} = 0,0140\,v^2.$$

Diese durch das Schloß herbeigeführte zusätzliche Fliehspannung k_f' ist ebenso wie die durch das Riemengewicht veranlaßte Fliehspannung k_f von den Ordinaten der k_T-Linie abzuziehen.

Das Spannungsverhältnis erreichte bei dem Baumwollriemen den Wert $\mathfrak{e} = 3$; es darf also $e^{\mu\omega}$ jedenfalls mit Sicherheit zu 2,5 festgesetzt werden, so daß die Grenz-Nutzspannung zu

$$k_n = (k_T - k_f - k_f')\,\frac{2,5-1}{2,5} = k_T - k_f - k_f')\,{}^3/_5$$

angenommen werden kann. Wie Fig. 64 zeigt, liegen die k_n-Werte der brauchbaren Versuche noch über der so entstandenen k_n-Kurve; es ist also die k_T-Linie jedenfalls nicht zu hoch eingezeichnet worden.

Der Balatariemen verhielt sich hinsichtlich der für ihn zulässigen Gesamtspannung k_T ungünstiger als der Baumwollriemen: es muß also für ihn die k_T-Linie etwas tiefer gezogen werden, etwa mit den Ordinaten $k_T = 25$ und 27 bei 15 und 25 m/sk statt $k_T = 26$ und 30 bei dem Baumwollriemen. Höhere

Geschwindigkeiten als 25 m/sk dürfen auch dem Balatariemen nicht zugemutet werden, da er wegen der Massenwirkung des Riemenschlosses bei 30 m/sk nicht mehr betriebsicher lief.

Die durchschnittliche zusätzliche Fliehspannung wird für den Balatariemen

$$k_{f'} = \frac{0{,}4}{10 \cdot 0{,}08} \frac{v^2}{9{,}81} \frac{1{,}25}{14{,}6} = 0{,}0137\, v^2.$$

Das Spannungsverhältnis hatte sich zu $\varepsilon = 3$ ergeben, so daß mit Sicherheit auch hier

$$k_n = (k_T - k_f - k_{f'})\, {}^3/_5$$

gesetzt werden kann. Die k_n-Werte der brauchbaren Versuche liegen, wie Abb. 65 erkennen läßt, noch über der so festgelegten k_n-Kurve.

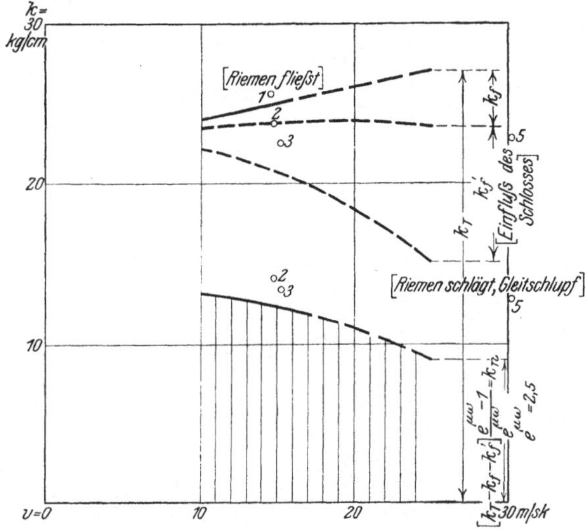

Abb. 65. Grenz-Nutzspannung des Balatariemens BaR 67 für 1250 mm Dmr. und $\omega = \pi$.

Bei dem Kamelhaarriemen KR 65 erwies sich nach dem unter 3) Dargelegten eine Gesamtspannung $k_T = 33{,}3$ bei rd. 15 m/sk noch als zulässig: eine mit den Ordinaten $k_T = 26$ bei 15 m/sk und $k_T = 32$ bei 30 m/sk gezogene k_T-Linie darf daher jedenfalls als sicher gelten. Bei der Geschwindigkeit $v = 30$ m/sk ließ sich hier noch betriebsicherer Lauf erzielen.

Die durchschnittliche zusätzliche Fliehspannung ergibt sich für den Kamelhaarriemen KR 65 zu

$$k_{f'} = \frac{0{,}4}{10 \cdot 0{,}08} \frac{v^2}{9{,}81} \frac{1{,}25}{14{,}6} = 0{,}0137\, v^2.$$

Das Spannungsverhältnis war zu $\varepsilon = 2$ gefunden worden; mithin wird die Grenz-Nutzspannung

$$k_n = (k_T - k_f - k_{f'})\frac{2 - 1}{2} = (k_T - k_f - k_{f'})\, {}^1/_2.$$

Die brauchbaren Versuche ergaben Werte von k_n, die dicht an dieser k_n-Kurve lagen, Abb. 66.

Der Kamelhaarriemen KR 5 hielt die Gesamtspannungen $k_T = 28{,}2$ bei rd. 15 m/sk und $k_T = 35{,}2$ bei rd. 30 m/sk noch aus; die bei dem Kamelhaarriemen KR 65 festgesetzte k_T-Linie mit den Ordinaten $k_T = 26$ bei 15 m/sk und $k_T = 32$ bei 30 m/sk darf daher jedenfalls auch hier als zulässig betrachtet werden. Die k_T-Werte der ausgeführten Versuche liegen, wie Abb. 67 erkennen läßt, in unmittelbarer Nähe dieser k_T-Linie.

Die durch das Riemenschloß hervorgerufene durchschnittliche zusätzliche Fliehspannung wird bei KR 5:

$$k_{f'} = \frac{0{,}74}{20 \cdot 0{,}08} \; \frac{v^2}{9{,}81} \; \frac{1{,}25}{17{,}0} = 0{,}01085 \, v^2.$$

Das Spannungsverhältnis lag bei KR 5 zwischen den Grenzen $\varepsilon = 3{,}6$ bis $4{,}4$; es darf also mit großer Sicherheit $e^{\mu\omega} = 3$ angenommen werden, so daß die Grenz-Nutzspannung

$$k_n = (k_T - k_f - k_{f'}) \, \frac{3-1}{3} = (k_T - k_f - k_{f'}) \, {}^2/_3$$

wird. Abb. 67 zeigt, daß die k_n-Werte der brauchbaren Versuche dicht an der so festgesetzten k_n-Linie liegen.

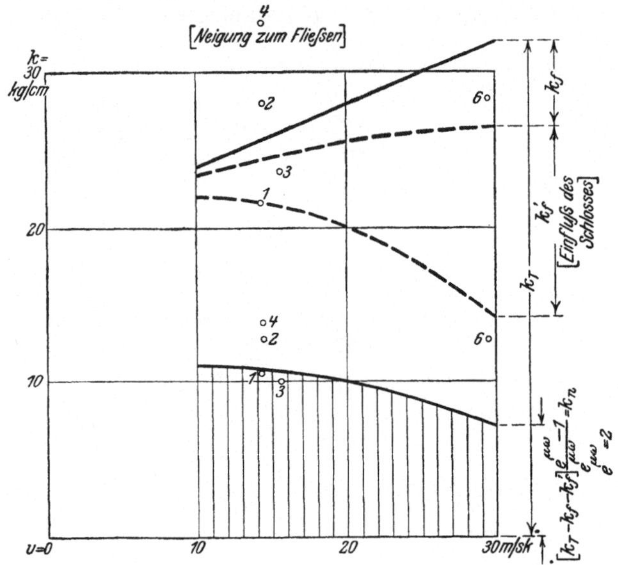

Abb. 66. **Grenz**-Nutzspannung des Kamelhaarriemens KR 65 für 1250 mm Dmr. und $\omega = \pi$.

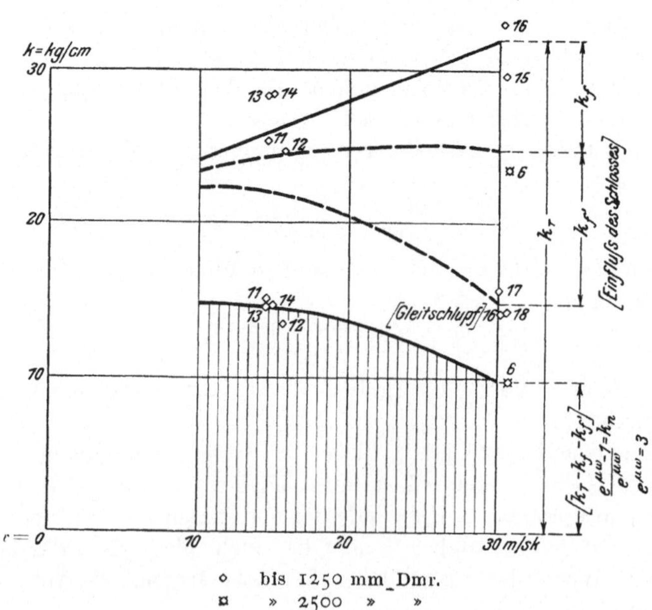

Abb. 67. Grenz-Nutzspannung des Kamelhaarriemens KR 5 für $\omega = \pi$.

9) Grenz-Nutzleistung.

Die Ordinaten der unter 8) festgesetzten k_n-Kurven geben, mit den zugehörigen Geschwindigkeiten multipliziert, die Nutzleistungen, die mit 1 cm Riemenbreite übertragbar sind. Die so erhaltenen Kurven für $k_n v\,^1/_{75}$ zeigen, wie Abb. 68 bis 71 erkennen lassen, bei den beiden Kamelhaarriemen Höchstwerte bei $v = 26$ m/sk; bei dem Baumwollriemen und dem Balatariemen wird der Höchst-

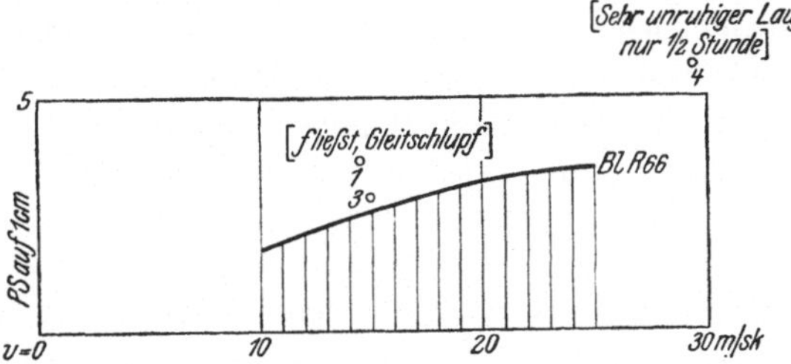

Abb. 68. Grenz-Nutzleistung des Baumwollriemens $BlR\,66$ für 1250 mm Dmr. und $\omega = \pi$.

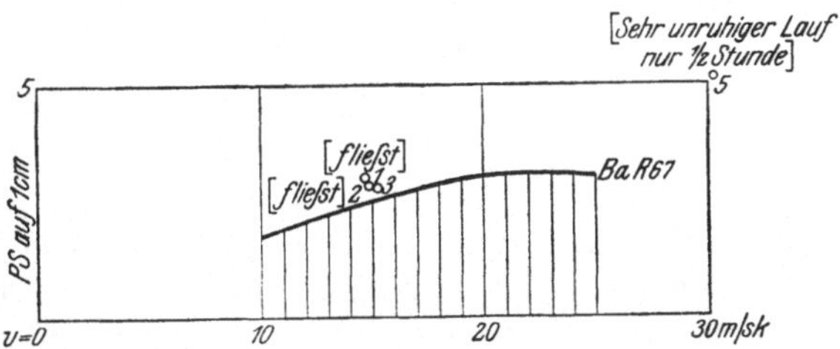

Abb. 69. Grenz-Nutzleistung des Balatariemens $BaR\,67$ für 1250 mm Dmr. und $\omega = \pi$.

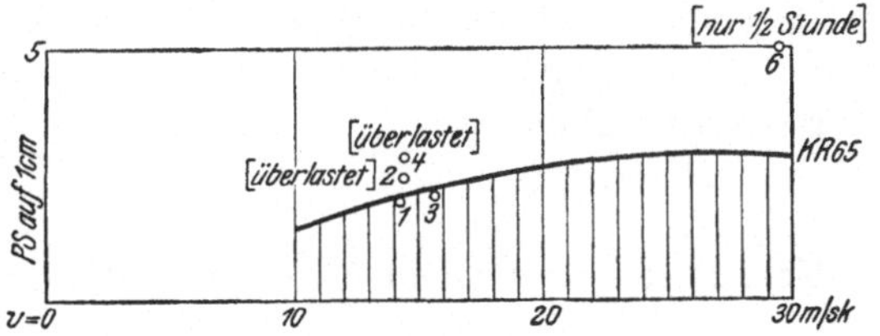

Abb. 70. Grenz-Nutzleistung des Kamelhaarriemens $KR\,65$ für 1250 mm Dmr. und $\omega = \pi$.

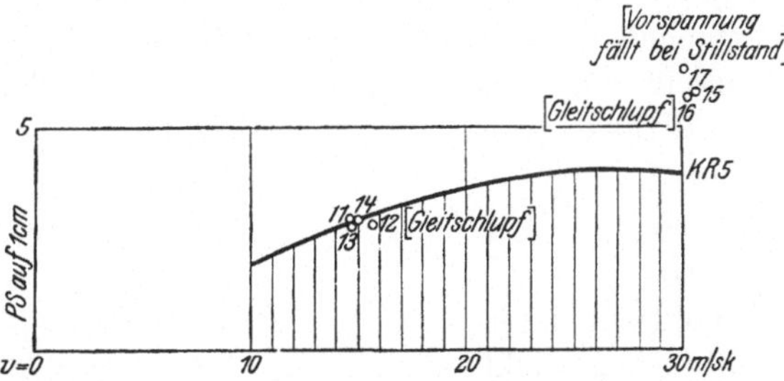

Abb. 71. Grenz-Nutzleistung des Kamelhaarriemens $KR\,5$ für 1250 mm Dmr. und $\omega = \pi$.

wert bereits etwas früher erreicht. Zu beachten ist, daß lediglich die Massenwirkung des Riemenschlosses die Leistungskurven herabdrückt. Zum Vergleich sind noch die bei den einzelnen Versuchen tatsächlich erzielten Nutzleistungen für 1 cm Riemenbreite eingetragen.

10) Zusammenfassung.

Die vier Geweberiemen zeigten ein sehr übereinstimmendes Verhalten hinsichtlich der Gesamtspannung, die sie bei Dauerversuchen aushielten; nur der

Balatariemen blieb in dieser Hinsicht etwas gegenüber den beiden Kamelhaarriemen und dem Baumwollriemen zurück.

Bemerkenswert ist der Umstand, daß die beiden Kamelhaarriemen die
Neigung zeigten, ihre Verspannung im Stillstand teilweise zu verlieren, d. h.
daß sie sich über Nacht etwas ausreckten.

Kennzeichnend für das Verhalten der Geweberiemen ist der Einfluß der
Massenwirkung des Riemenschlosses. Das Schloß lief bei allen vier Riemen fast
unhörbar über die Riemenscheiben, aber es rief bei größeren Geschwindigkeiten
starke Schwankungen, besonders im gezogenen Trum hervor, die einen betriebs-
unsicheren Lauf erzeugten. Bei dem Baumwollriemen und dem Balatariemen
wurde aus diesem Grunde die zulässige Höchstgeschwindigkeit auf 25 m/sk, bei den
beiden Kamelhaarriemen auf 30 m/sk beschränkt. Zu beachten ist, daß diese
Ergebnisse für das bei den Versuchen verwendete Jackson-Schloß gelten, das
als das beste zurzeit auf dem Markt befindliche betrachtet werden darf.

Sehr verschieden verhielten sich die vier Geweberiemen hinsichtlich des
Spannungsverhältnisses, das die Werte zeigte

$$\varepsilon = 3 \text{ bei dem Baumwollriemen,}$$
$$\varepsilon = 3 \text{ » » Balatariemen,}$$
$$\varepsilon = 2 \text{ » » Kamelhaarriemen } K R\,6_5,$$
$$\varepsilon = 4 \text{ » » » } K R\,5.$$

Die größte Verschiedenheit zeigten die beiden Kamelhaarriemen: es hängt
offenbar die Haftfähigkeit des Riemens an der Scheibe weniger von dem Material
des Gewebes als von der Art des Gewebes ab. Je dichter und glatter die Lauffläche ist, desto besser haftet der Riemen an der Scheibe.

Die Nutzspannung und Nutzleistung wird bei den Geweberiemen sehr durch
die Massenwirkung des Riemenschlosses beeinträchtigt, und zwar um so mehr,
je höher die Riemengeschwindigkeit ist.

IX. Versuche mit nassen Kamelhaarriemen.

1) Versuchsanordnung.

Zu diesen Versuchen wurde der Kamelhaarriemen $K R\,5$ benutzt, der in
trocknem Zustand bereits eingehend geprüft war; über die Ergebnisse der Versuche mit trocknem Riemen wurde in dem Abschnitt VIII bereits berichtet.
Die Abmessungen dieses Riemens waren:

Breite	mm	200
Dicke	»	7,5
endlose Länge	m	16,160
Einheitsgewicht	kg	0,0803

Die Riemenverbindung bestand, wie unter VIII bereits dargelegt, aus
einem Jackson-Schloß mit 3 Schalen, Abb. 51.

Durch ein an die Wasserleitung angeschlossenes Rohr wurde Wasser an
der Auflaufstelle unmittelbar zwischen Riemen und Scheibe gespritzt, so daß
der Riemen gewissermaßen in einem Wasserbad arbeitete. In der Minute wurden
0,525 ltr Wasser zugeführt.

Das Wasser wurde in fein verteiltem Zustand zwischen Scheibe und Riemen
herausgepreßt und umgab den ganzen Riemen in voller Länge wie ein Nebel-
schleier.

2) Dehnung im Lauf.

Der Riemen wurde zunächst in trocknem Zustand auf die Scheiben gelegt, gespannt, in Betrieb gesetzt und der Achsdruck gemessen. Nun erst wurde der Wasserstrahl zwischen den laufenden Riemen und die Scheibe gespritzt und beobachtet, ob etwa durch Schrumpfen des Riemens eine Erhöhung des Achsdruckes eintreten würde. Es zeigte sich indessen keine Zunahme des Achsdruckes: die Fäden des Gewebes sind also durch ihre Tränkung offenbar gegen Wasseraufnahme geschützt.

In Abb. 72 sind die Dehnungen von drei Versuchen zusammengestellt. Bei dem Versuch Nr. 19 mit einer Gesamtspannung $k_T = 25{,}8$ kg/cm im ziehenden Trum trat bereits nach 10 min der Beharrungszustand ein, während bei dem

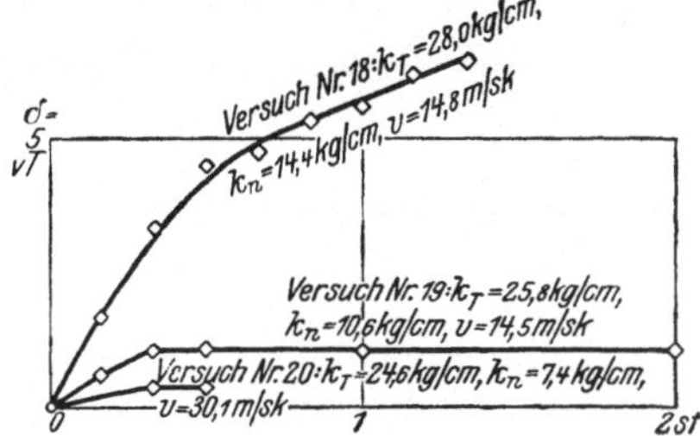

Abb. 72. Betriebsdehnung des Kamelhaarriemens KR 5, in Spritzwasser laufend, auf 1250 mm Dmr.

Versuch Nr. 18 mit $k_T = 28$ kg/cm ein unaufhaltsames Fließen des Riemens beobachtet wurde. Es liegt also die bei $v = 15$ m/sk zulässige Gesamtspannung k_T zwischen den Werten 26 und 28 kg/cm.

Vergleicht man dieses Ergebnis mit den entsprechenden Versuchen im trocknen Zustand, Abb. 54, bei denen ein $k_T = 28{,}2$ kg/cm noch Beharrung ergeben hatte, während $k_T = 35{,}2$ schon Fließen des Riemens herbeiführte, so erkennt man, daß der nasse Riemen nahezu dieselbe Gesamtspannung aushält wie der trockne: etwa 27 kg/cm gegen etwa 30 kg/cm trocken.

3) Spannungsverhältnis und Schlupf.

Wie Abb. 73 zeigt, liegt das Spannungsverhältnis bei den Versuchen mit Riemenscheiben von 1250 mm Dmr. zwischen den Grenzen 1,3 und 2,2; bei den Versuchen mit 2500 mm-Scheiben zwischen den Grenzen 1,8 und 3,1; der

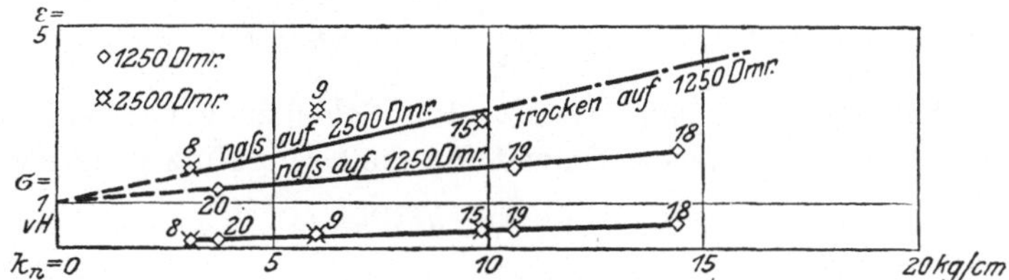

Abb. 73. Spannungsverhältnis und Schlupf des Kamelhaarriemens KR 5, in Spritzwasser laufend.

Scheibendurchmesser übt also bei nassen Riemen einen beträchtlichen Einfluß auf das Spannungsverhältnis aus. Außerdem steigt das Spannungsverhältnis, wie die Abb. 73 erkennen läßt, mit zunehmender Belastung.

Zum Vergleich ist durch eine strichpunktierte Linie das bei trocknem Riemen gefundene Spannungsverhältnis $\varepsilon = 3{,}6$ bis 4,4 gekennzeichnet; der nasse Riemen haftet also sehr viel schlechter an den Scheiben als der trockne, weil

---

die zwischen Riemen und Scheibe befindliche Wasserschicht die Reibung vermindert.

Der scheinbare Schlupf hat bei nassem Riemen, Abb. 73, nahezu den gleichen Wert wie bei trocknem, Abb. 61.

4) Grenz-Nutzspannung.

Für die zulässige Gesamtspannung k_T für den nassen Riemen ist in Abb. 74 die gleiche Linie gezogen worden wie für den trocknen Riemen in Abb. 67; der k_T-Wert des Beharrungsversuches Nr. 19 fällt gerade in diese Linie.

Von den Ordinaten dieser k_T-Linie ist zunächst die Fliehspannung k_f des Riemens selbst und weiter die durch das Riemenschloß herbeigeführte Fliehspannung $k_{f'}$ abgezogen worden; die Werte für k_f sind ebenso hoch genommen worden wie in Abb. 67, weil der Riemen das Wasser nicht aufsaugt, sondern herauspreßt.

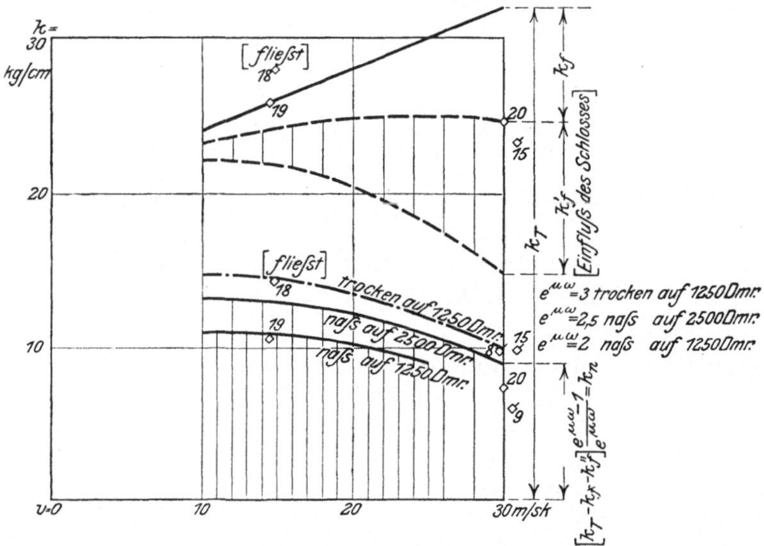

Abb. 74. Grenz-Nutzspannung des Kamelhaarriemens $KR\,5$, in Spritzwasser laufend, bei $\omega = \pi$.

Da das Spannungsverhältnis bei 1250 mm Dmr. sich nur zu rd. $\varepsilon = 2$ gefunden hatte, so wurde als Grenz-Nutzspannung der Wert

$$k_n = (k_T - k_f - k_{f'})\,\frac{2-1}{2} = (k_T - k_f - k_{f'})\,{}^1/_2$$

für 1250 mm Dmr. Scheiben eingetragen. Für Scheiben von 2500 mm Dmr. ist der Wert $e^{\mu\omega} = 2,5$ und dementsprechend für die Grenz-Nutzspannung der Wert

$$k_n = (k_T - k_f - k_{f'})\,{}^3/_5$$

genommen worden.

Wie Abb. 74 erkennen läßt, liegen die k_n-Werte der brauchbaren Versuche dicht an den gezogenen Grenzlinien für k_n, so daß letztere als gültig betrachtet werden dürfen.

Der Versuch Nr. 20 mit $v = 30$ m/sk auf Scheiben von 1250 mm Dmr. ergab so starke Wellen im gezogenen Trum, daß der Betrieb mit dieser Geschwindigkeit nicht mehr als sicher gelten kann; für Scheiben von 1250 mm Dmr. darf daher als betriebsichere Höchstgeschwindigkeit nur eine solche von 25 m/sk zugelassen werden. Bei den Versuchen Nr. 8 bis 9 und 15 mit $v =$

30 m/sk auf Scheiben von 2500 mm Dmr. war dagegen noch betriebsicherer Lauf erzielt worden.

Zum Vergleich ist in Abb. 74 die für den trocknen Riemen gefundene k_n-Linie strichpunktiert eingetragen; sie liegt um 5 bis 7 kg/cm höher als die für den nassen Riemen geltende k_n-Linie, weil das Spannungsverhältnis bei letzterem wesentlich kleiner ist.

5) Grenz-Nutzleistung.

Die mit 1 cm Riemenbreite übertragbare Nutzleistung $\dfrac{k_n\,v}{75}$ ist in Abb. 75 aus den einzelnen Versuchen aufgetragen und die Grenzlinie gezogen. Zum

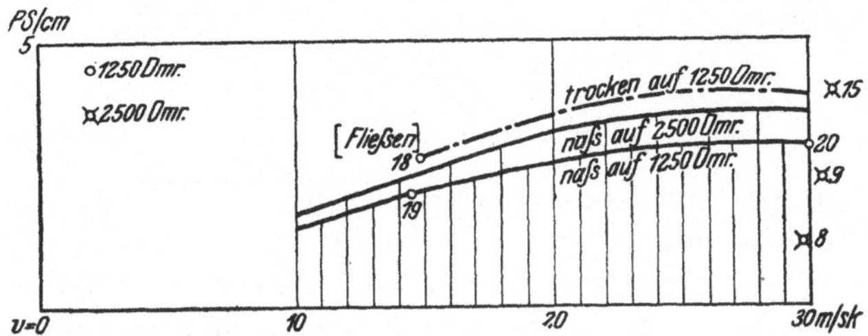

Abb. 75. Grenz-Nutzleistung des Kamelhaarriemens $KR\,5$, in Spritzwasser laufend, für $\omega = \pi$.

Vergleich ist strichpunktiert die mit dem trocknen Riemen übertragbare Nutzleistung dargestellt.

6) Zusammenfassung.

Der nasse Kamelhaarriemen kann zwar nur eine um etwa 30 vH kleinere Nutzspannung übertragen als der trockne, aber diese kleinere Leistung überträgt er mit völliger Sicherheit; er saugt das Wasser nicht in seine Fasern auf, sondern preßt es zwischen Riemen und Scheibe heraus, schützt sich dadurch vor Belastung mit Wasser und verhindert das Entstehen einer störenden Wasserschicht zwischen Riemen und Scheibe.

X. Vergleich zwischen Geweberiemen und Lederriemen.

Als Grundlage für einen solchen Vergleich können naturgemäß nur Versuche dienen, die unter gleichen Bedingungen ausgeführt sind: mit gleichen Riemenscheiben, gleichem Achsstand und gleicher Versuchsdauer. Dies trifft zu für die unter III besprochenen Versuche mit Lederriemen und für die unter VIII dargelegten Versuche mit Geweberiemen. Vergleicht man die in diesen beiden Abschnitten geschilderten Ergebnisse, so erhält man folgendes Gesamtbild.

1) Dehnung im Stillstand.

Die aus der Schlupflinie ermittelte elastische Dehnung ist bei dem Lederriemen so groß wie bei dem Kamelhaarriemen; ersterer hat einen Elastizitätsmodul von 3130, letzterer von 3200. Das Verhältnis der bleibenden Dehnung zur elastischen beträgt beim Lederriemen 0,188, beim Kamelhaarriemen 0,308, ist also bei ersterem günstiger.

2) Dehnung im Lauf.

Abb. 14 hatte gezeigt, daß die Grenze der zulässigen Gesamtspannung für den Lederriemen ungefähr bei $k_T = 30$ kg/cm, für $v \infty 30$ m/sk liegt; aus

Abb. 53 und 54 war ersichtlich, daß die gleiche Grenze für die Kamelhaarriemen und auch für den Baumwollriemen gilt, während sie bei dem Balatariemen etwas tiefer liegt: ungefähr bei $k_T = 25$ kg/cm für $v \infty 30$ m/sk.

Als besondere Eigentümlichkeit der Kamelhaarriemen hatte sich gezeigt, daß sie sich im Stillstand bei einer Vorspannung recken, die sie im Betrieb noch aushalten.

3) Reibung.

Der Reibungswert des Lederriemens hatte sich nach Abb. 16 zu $e^{\mu\omega} \infty 1,5$ ergeben, während der des Kamelhaarriemens nach Abb. 59 zu $e^{\mu\omega} \infty 2$ gefunden wurde. Man sollte nach diesem Ergebnis erwarten, daß der Kamelhaarriemen mit einem höheren Spannungsverhältnis als der Lederriemen arbeiten könnte.

6) Spannungsverhältnis.

Tatsächlich schwankt das Spannungsverhältnis bei den Kamelhaarriemen sehr stark: es ergab sich zu $\varepsilon \infty 2$ bei dem Riemen $KR\,65$ und zu $\varepsilon \infty 4$ bei dem Riemen $KR\,5$, während es bei dem Baumwollriemen und dem Balatariemen zu $\varepsilon \infty 3$ und bei dem Lederriemen zu $\varepsilon\,3$ bis 4 gefunden wurde.

5) Lagerdruck.

Nach der Reibungsmessung wäre für den Lederriemen ein Lagerdruck
$$\lambda = \frac{\varepsilon + 1}{\varepsilon - 1} = \frac{1,5 + 1}{1,5 - 1} = 5$$
zu erwarten und für den Kamelhaarriemen $\lambda = \frac{2 + 1}{2 - 1} = 3$. Tatsächlich hat sich der Lagerdruck bei den Versuchen als sehr viel kleiner erwiesen, und zwar zu

$$\lambda = \frac{2\,k_a}{k_n} = 1,7 \text{ bis } 2,0 \text{ bei dem Lederriemen,}$$
$$\lambda = 2 \text{ bis } 2,2 \text{ bei dem Baumwoll- und Balatariemen,}$$
$$\lambda = 2,4 \text{ bis } 2,8 \text{ bei den beiden Kamelhaarriemen.}$$

Der Lagerdruck ist bei den Geweberiemen also etwas größer als bei den Lederriemen; dementsprechend können bei Lederriemen der hier untersuchten Art die Triebwerkteile etwas leichter ausgeführt werden als bei Geweberiemen, die den untersuchten gleichartig sind.

6) Grenz-Nutzspannung.

Zur Gewinnung einer raschen Uebersicht sind in Abb. 76 die bisher entwickelten Grenzlinien für die zulässige Nutzspannung k_n für Riemen verschiedener Art zusammengestellt. Die Kurve für die Lederriemen $LR\,15$ und 45 senkt sich nur sehr wenig mit zunehmender Geschwindigkeit; es eignen sich daher diese Lederriemen sehr gut für schnellen Lauf. Im Gegensatz dazu fallen die Kurven der Geweberiemen sehr rasch, sobald die Geschwindigkeit über 20 m/sk steigt, weil die Massenwirkung des Riemenschlosses sich mit steigender Geschwindigkeit um so ungünstiger bemerkbar macht. Der Baumwoll- und der Balatariemen sind nur bis zu 25 m/sk verwendbar, die Kamelhaarriemen bis zu 30 m/sk.

In das gleiche Schaubild sind auch die zulässigen Nutzspannungen für die auf 2500 mm-Scheiben laufenden Lederdoppelriemen eingetragen; der günstige Einfluß des großen Scheibendurchmessers und der hervorragenden Güte dieser Riemen ist ohne weiteres erkennbar. Zu beachten ist dabei, daß die Kurven für

$L\,R\,$11 und $L\,R\,$12 nicht die Grenze der Belastungsfähigkeit dieser Riemen dar-
stellen; denn die Versuchsmaschine war zu schwach, um diese Riemen voll belasten zu können.

Endlich sind noch die k_n-Kurven für die beiden Gliederriemen $F\,G\,R\,$3 und
$F\,G\,R\,$4 eingezeichnet. Diese Linien fallen bei steigender Geschwindigkeit noch

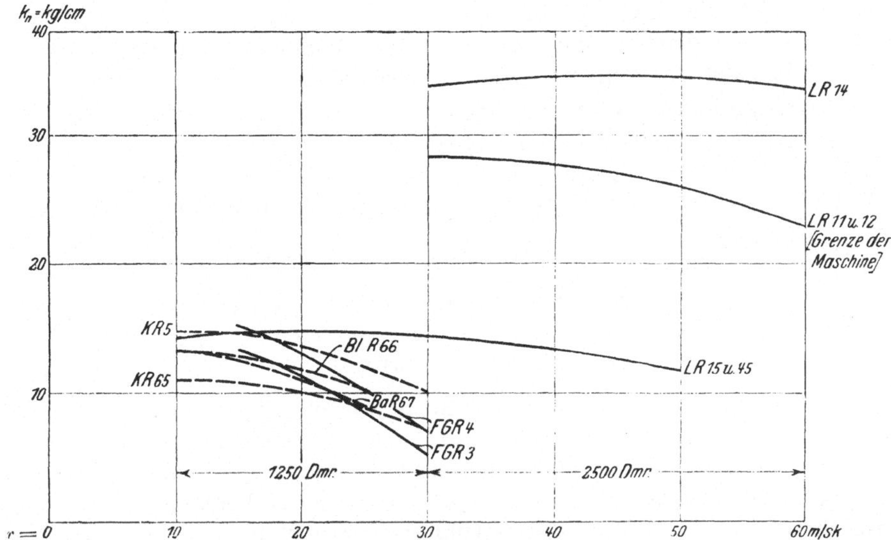

Abb. 76. Vergleich der Grenz-Nutzspannungen für die Geweberiemen $KR\,$5, $KR\,$65, $Bl\,R\,$66,
$Ba\,R\,$67; für die Lederriemen $LR\,$15, $L\,R\,$45, $LR\,$14, $LR\,$11, $L\,R\,$12; für die Gliederriemen
$F\,G\,R\,$3, $F\,G\,R\,$4.

schneller als die der Geweberiemen, weil das große Eigengewicht dieser Riemen
sehr hohe Fliehspannungen hervorruft; dagegen verhalten sich die Gliederriemen günstig bei Geschwindigkeiten unter 20 m/sk.

7) Grenz-Nutzleistung.

Die mit 1 cm Riemenbreite übertragbaren Nutzleistungen sind für die einfachen Lederriemen $L\,R\,$15 und $L\,R\,$45 und für die vier Geweberiemen in Abb. 77
zusammengestellt. Die Linien für den Lederriemen und für den Kamelhaarriemen $K\,R\,$5 fallen bei kleineren Geschwindigkeiten von 10 bis 20 m/sk nahezu
zusammen; die Nutzleistungen der anderen Geweberiemen liegen schon bei
diesen geringen Geschwindigkeiten etwas tiefer. Bei größeren Geschwindigkeiten steigt die Nutzleistung des Lederriemens immer mehr, während die der

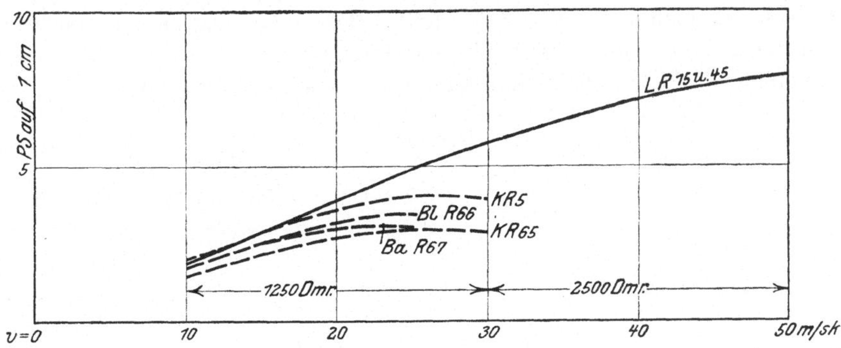

Abb. 77. Vergleich der Grenz-Nutzleistungen für die Geweberiemen $KR\,$5, $KR\,$65, $Bl\,R\,$66,
$Ba\,R\,$67 und für die Lederriemen $LR\,$15, $LR\,$45 für $\omega = \pi$.

4*

Geweberiemen bei 25 m/sk bereits ihren Höchstwert erreicht. Der Baumwoll- und der Balatariemen sind überhaupt nur bis 25 m/sk, die Kamelhaarriemen bis 30 m/sk verwendbar, während der Lederriemen bis zu 50 m/sk geprüft wurde, dabei aber noch nicht den Höchstwert seiner Nutzleistung erreichte. Das Schaubild zeigt deutlich den Vorteil großer Riemengeschwindigkeit und das große Arbeitsfeld der Lederriemen.

Die Senkung der Leistungskurven der Geweberiemen wird lediglich durch die Massenwirkung des Riemenschlosses herbeigeführt.

Zu betonen ist, daß diese Ergebnisse nur für Riemen gelten, die den hier untersuchten gleichartig sind; die Schlußfolgerungen dürfen daher nicht verallgemeinert werden auf beliebige Lederriemen, auf beliebige Geweberiemen und auf beliebige Riemenschlösser.

XI. Versuche mit Riemenschlössern.

1) Kräftewirkungen.

Bei allen Versuchen mit Geweberiemen trat die Einwirkung des Riemenschlosses deutlich hervor, sie drückte die zulässige Nutzleistung um so tiefer herab, je mehr die Geschwindigkeit gesteigert wurde, und verursachte bei Geschwindigkeiten von 25 bis 30 m/sk eine so starke Wellenbildung und einen so unsicheren Lauf, daß die Geschwindigkeit von 30 m/sk nicht mehr überschritten werden konnte.

Das Riemenschloß ruft Massenwirkungen infolge von zwei Bewegungen hervor:

1) Der Schwerpunkt des Schlosses durchläuft bei gleich großen Scheiben eine Halbkreislinie,

2) das Schloß beginnt beim Auflauf auf die Riemenscheibe eine Drehung um seinen Endpunkt und beendigt sie beim Ablauf von der Scheibe.

Denkt man sich das Schloß zunächst als einfache starre Platte, Abb. 78, so ruft seine Fliehkraft C eine zusätzliche Zugspannung k_f in dem bereits durch andere Kräfte (Vorspannung, Nutzspannung, Fliehspannung durch Riemeneigengewicht) gespannten Riemen hervor. Diese zusätzliche Zugspannung ergibt sich aus dem Kräftedreieck zu

$$k_f = \frac{\tfrac{1}{2}\,C}{b \sin \dfrac{\lambda}{2}},$$

wobei b die Riemenbreite in cm darstellt. Bezeichnet man mit G das Gewicht des Riemenschlosses, mit v in m/sk die Geschwindigkeit und mit r die Entfernung von dem Riemenscheibenmittelunkt in m, so wird angenähert

$$C = \frac{G}{g}\,\frac{v^2}{r}.$$

Ist die Länge l des Schlosses klein im Verhältnis zu r, so ist angenähert

$$\sin \frac{\lambda}{2} = \frac{\tfrac{1}{2}\,l}{r},$$

wobei l in m gemessen ist.

Unter dieser Voraussetzung wird

$$k_f = \frac{\tfrac{1}{2}\,G v^2 r}{b g r\,\tfrac{1}{2}\,l} = \frac{G}{b l}\,\frac{v^2}{g}.$$

Diese zusätzliche Zugspannung $k_{f'}$ wird, wie aus dieser Beziehung ersichtlich ist, um so größer, je größer $\frac{G}{bl}$, d. h. je größer das Gewicht der Flächeneinheit des Schlosses ist.

Die Spannung $k_{f'}$ entsteht in dem Augenblick, in dem das Schloß auf eine Riemenscheibe aufläuft, und verschwindet wieder, sobald das Schloß die Scheibe verläßt, sie hält also nur so lange an, wie der Riemen den Bogen π durchläuft, und tritt während eines ganzen Umlaufes des Riemens zweimal auf. Die Spannung $k_{f'}$ tritt natürlich im ganzen Riemen auf; sie preßt nur auf der gegen-

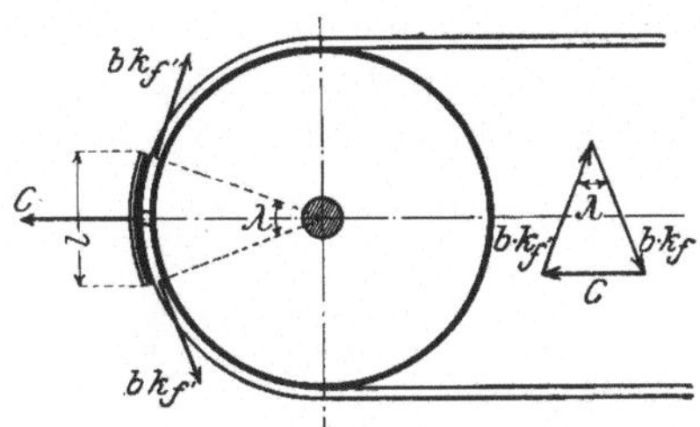

Abb. 78. Spannungen infolge der Fliehkraft eines starren Riemenschlosses.

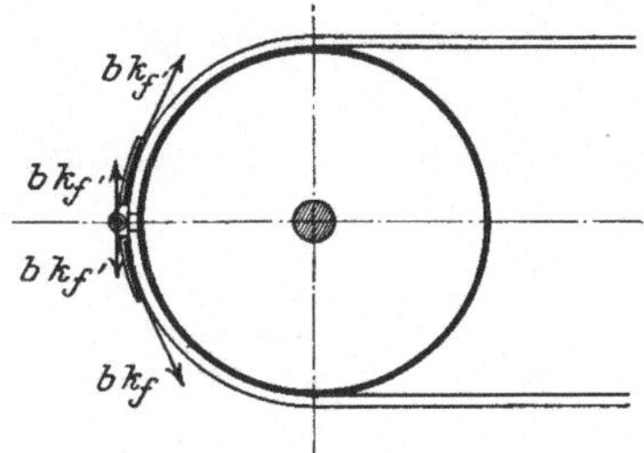

Abb. 79. Spannungen infolge der Fliehkraft eines Gelenk-Riemenschlosses.

überliegenden Scheibe den Riemen an, zieht ihn aber von der vom Schloß berührten Scheibe ab, ist also für den Riementrieb wertlos und bedeutet lediglich eine schädliche Mehrbeanspruchung des Riemens.

Die durchschnittliche zusätzliche Fliehspannung wird im Verhältnis der beiden halben Scheibenumfänge zu der Riemenlänge L kleiner als der Wert $\frac{G}{bl}\frac{v^2}{g}$, erreicht also den Wert

$$k_{f'} = \frac{G}{bl}\frac{v^2}{g}\frac{D\pi}{L}.$$

Denkt man sich zwei derartige starre Platten aneinandergefügt und durch ein Gelenk verbunden, Abb. 79, dann ruft jede der beiden Platten die zusätzliche Zugspannung $k_{f'}$ hervor; im Gelenk gleichen sich die beiden entgegengesetzt gerichteten Zugspannungen $k_{f'}$ aus, im Riemen tritt also lediglich die einfache Zugspannung $k_{f'}$ auf, d. h. zwei durch Gelenk verbundene Platten wirken nicht ungünstiger als eine einzige Platte.

Stellt man sich nun ein aus einem biegsamen Band bestehendes Schloß vor, so kann man dieses als ein aus sehr vielen kurzen, durch Gelenk verbundenen Platten zusammengesetztes Schloß auffassen; die von ihm hervorgerufene zusätzliche Zugspannung $k_{f'}$ wird nicht größer als die eines kurzen Stückes. Das biegsame Schloß verhält sich also sehr viel günstiger als das starre.

Die zweite Massenwirkung entsteht beim Auflauf des Schlosses auf die Scheibe und beim Ablauf. Solange das Schloß auf der Scheibe verweilt, dreht es sich, abgesehen von seiner fortschreitenden Bewegung, mit der gleichförmigen Winkelgeschwindigkeit $w = \frac{v}{r}$.

Während das ablaufende Schloß aus der in Abb. 80 gestrichelt gezeichneten Stellung 1 in die ausgezogene Stellung 2 gelangt, verzögert sich die genannte Drehung von dem Wert $w = \frac{v}{r}$ auf den Wert $w = 0$. Bezeichnet man das auf die Endkante des Schlosses bezogene Trägheitsmoment mit J, so ist zur Verzögerung der Drehbewegung das Drehmoment

$$M_d = J \frac{d\omega}{dt}$$

notwendig. Würde die Verzögerung gleichförmig vor sich gehen, so wäre

$$d\omega = \frac{v}{r} = 0,$$

$$dt = \frac{l}{v},$$

$$M_d = \frac{J}{l}\frac{v^2}{r}.$$

Dieses Drehmoment kann nur durch eine zusätzliche Zugspannung $k_{f''}$ im Riemen erzeugt werden. Diese Zugspannung $k_{f''}$ ruft in dem zwischen den beiden Scheiben befindlichen Riementrum eine zusätzliche Dehnung hervor.

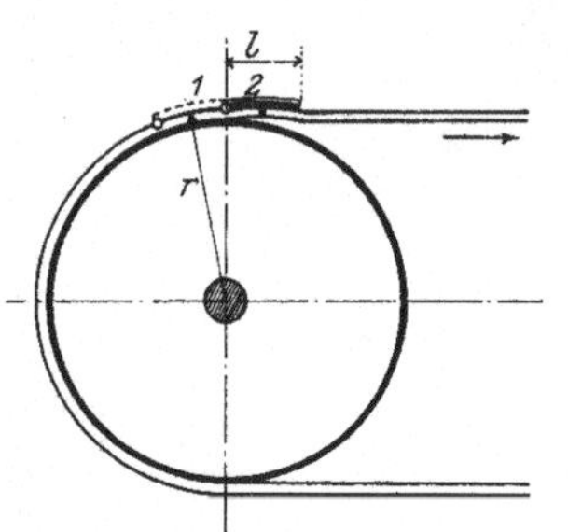

Abb. 80. Drehwirkung eines starren Riemenschlosses.

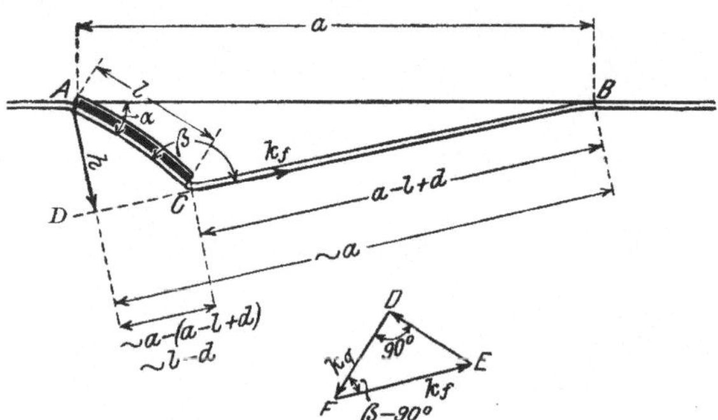

Abb. 81. Spannungen infolge der Drehwirkung eines starren Riemenschlosses.

Infolge der letzteren knickt das Riementrum an der vorauslaufenden Schloß-endkante unter dem Einfluß des Drehmomentes M_d nach der Scheibe zu aus, Abb. 81. Bezeichnet man die Länge des zwischen dem Ablaufpunkt A der einen Scheibe und dem Auflaufpunkt B der anderen Scheibe liegenden Riementrums mit a und die Länge des Schlosses mit l, so wird die Länge des durch $k_{f''}$ gedehnten Riemenstückes $a - l + d$.

Bezeichnet man das von A auf BC gefällte Lot mit h und den Fußpunkt dieses Lotes mit D, so wird die Strecke DB nahezu gleich a und die Strecke DC angenähert gleich $a - (a - l + d) = l - d$. Es wird dann

$$\frac{J}{l}\frac{v^2}{r} = M_d = b\,k_{f''}\,h \quad \cdot \quad \ldots \ldots \ldots \quad (1)$$

$$\delta = \frac{d}{a-l} = k_{f''}\,\frac{1}{s}\frac{1}{E} \quad \ldots \ldots \ldots \ldots \quad (2)$$

$$h^2 = l^2 - (l - d)^2 \quad \ldots \ldots \ldots \ldots \quad (3).$$

Hieraus:

$$\frac{J}{l}\frac{v^2}{r} = b\,k_{f''}\,\sqrt{2\,l\,d - d^2}.$$

Aus Gl. (2):

$$d = (a - l)\,k_{f''}\,\frac{1}{s\,E}$$

$$k_{f''}{}^4\,\frac{(a-l)^2}{s^2\,E^2} - k_{f''}{}^3\,\frac{2\,(a-l)}{s\,E} + \frac{J^2 v^4}{l^2\,r^2\,b^2} = 0.$$

Führt man die Rechnung für die bei den Versuchen benutzten Riemen-schlösser durch, so ergeben sich außerordentlich hohe Werte für die zusätzliche Spannung; aus der Höhe dieser Werte ist zu schließen, daß in Wirklichkeit das Riemenschloß seine Drehbewegung noch nicht beendet hat, wenn es die Stellung 2 in Abb. 80 erreicht hat; der Schwerpunkt des Schlosses beschreibt also nach dem Ablauf vermutlich nicht eine gerade Linie, sondern eine nach der Scheibe zu gekrümmte Kurve.

Das zur Drehung erforderliche Drehmoment $M_d = \dfrac{J}{l}\,\dfrac{v^2}{r}$ wächst mit $\dfrac{J}{l}$: da J mit dem Quadrat von l zunimmt, so wird das Drehmoment und damit die zusätzliche Zugspannung $k_{f''}$ um so größer, je schwerer und je länger das Schloß ist.

Die Spannung $k_{f'}$ entsteht in dem Augenblick, in dem das Schloß die Drehbewegung um seine Endkante beginnt, und verschwindet wieder, sobald diese Drehbewegung beendet ist; sie hält also nur so lange an, als der Riemen den Bogen des Winkels λ durchläuft, und tritt während eines ganzen Umlaufes des Riemens viermal auf.

Die Spannung $k_{f''}$ tritt natürlich im ganzen Riemen auf; sie preßt den Riemen an beide Scheiben an, wirkt aber nur während eines so kleinen Teiles des ganzen Umlaufes, daß sie für die Arbeitsübertragung keinen Gewinn bedeutet; wohl aber bedeutet diese stoßweise auftretende Zusatzspannung eine schädliche Mehrbeanspruchung des Riemens.

Denkt man sich das Schloß aus zwei durch ein Gelenk verbundene starre Platten hergestellt, dann führt erst die eine und dann die andere Platte ihre Drehbewegung aus; es tritt also die zusätzliche Spannung $k_{f''}$ nur in einfachem Betrage auf.

Stellt man sich das Schloß als ein biegsames Band vor, dann führt jedes kleine Teilchen des Schlosses die Drehbewegung für sich aus, es ist also nur das Trägheitsmoment eines solchen Teilchens in die Rechnung einzusetzen: die von einem biegsamen Band hervorgerufene zusätzliche Zugspannung $k_{f''}$ wird also außerordentlich klein. Das biegsame Schloß verhält sich also auch in bezug auf die Drehbewegung sehr viel günstiger als das starre Schloß.

Die geprüften vier Geweberiemen waren sämtlich durch ein Jackson-Schloß verbunden, und zwar die drei 101 bis 138 mm breiten Riemen durch je ein Schloß mit 2 Schalen, und der 200 mm breite Riemen durch ein aus 3 Schalen bestehendes Schloß. Die Abmessungen und Gewichte der Riemen und Schlösser betrugen:

Art des Riemens	Baumwolle	Balata	Kamelhaar	Kamelhaar
Nr. » »	*Bl R* 66	*Ba R* 67	*K R* 65	*K R* 5
Breite des Riemens . . mm	138	101,5	101	200
Dicke » » . . »	6,0	5,0	5,5	7,5
endlose Länge . . . . m	14,685	14,075	14,165	16,160
Gewicht des Schlosses . kg	0,6	0,4	0,4	0,74
Länge der Schalen . . mm	75	75	75	75
Länge des Unterlagleders »	80	80	80	80
Trägheitsmoment des Schlosses kg/cm^3				17
Elastizitätsmodul des Riemens	5000	10 000	4400	3200

Aus diesen Werten ergeben sich folgende zusätzliche Spannungen k_f

für den Baumwollriemen *Bl R* 66:

$$k_{f'} = \frac{0,6}{13,8 \cdot 0,08}\,\frac{v^2}{9,81} = 0,0555\,v^2,$$

für den Balatariemen *Ba R* 67:

$$k_{f'} = \frac{0,4}{10,15 \cdot 0,08}\,\frac{v^2}{9,81} = 0,0502\,v^2,$$

für den Kamelhaarriemen $KR\,65$:

$$k_{f'} = \frac{0,4}{10,1\cdot 0,08}\ \frac{v^2}{9,81} = 0,0505\ v^2,$$

für den Kamelhaarriemen $KR\,5$:

$$k_{f'} = \frac{0,74}{20\cdot 0,08}\ \frac{v^2}{9,81} = 0,0472\ v^2.$$

Die durchschnittliche zulässige Spannung $k_{f'}$ ist, wie bereits erwähnt im Verhältnis $\frac{D\pi}{L}$ kleiner.

2) Einfluß der Befestigung.

Die Schrauben, die das Schloß mit den Riemenenden verbinden, üben eine doppelte Wirkung aus: eine **Reibungswirkung und eine Bolzenwirkung.** Durch die Anpressung der Schrauben wird zunächst ein Reibungswiderstand zwischen Schloßplatte und Riemen erzeugt, dessen Größe von der Zahl der Schrauben, von ihrem Kernquerschnitt und von dem Reibungswert der Schloßplatte abhängt. Ferner wirkt jede Schraube wie ein Bolzen, überträgt also eine Kraft quer zu ihrer Achse auf den Riemen. Die erstgenannte Kraftwirkung beeinflußt den Riemen günstig, weil sie das Gewebe nicht lockert, sondern im Gegenteil zusammenpreßt; dagegen schadet die Bolzenwirkung, denn sie zerrt wie ein Keil das Gewebe auseinander. Bezeichnet man diese quer zur Schraubenachse wirkende Kraft mit S, die Schraubenzahl mit i, den Kerndurchmesser mit δ, die zulässige Zugbeanspruchung der Schraube mit k_z, den Reibungswert zwischen Schloßplatte und Gewebe mit μ und den gesamten durch das Schloß zu übertragenden Riemenzug mit K_T, so wird

$$K_T = i\,\frac{\delta^2\pi}{4}\,k_z\,\mu + iS.$$

Es wird also die schädliche Querkraft

$$S = \frac{K_T}{i} - \frac{\delta^2\pi}{4}\,k_z\,\mu.$$

Die zulässige Zugbeanspruchung k_z wird man bei den kleinen hier in Betracht kommenden Schrauben zu höchstens 400 kg/qcm und den Reibungswert μ bei Anwendung einer rauhen, Unterlagplatte nicht höher als 0,25 ansetzen dürfen.

Die Größe, bis zu der die Querkraft anwachsen darf, ohne eine Zerstörung des Gewebes herbeizuführen, läßt sich nur durch Versuche ermitteln. Es wurden zu diesem Zweck 4 Riemenschlösser verschiedener Bauart hergestellt, mit denen 4 unter sich gleiche Kamelhaarriemen von je 150 mm Breite und 10 mm Dicke verbunden wurden. Zu dem Aufbau der Schlösser wurden durchweg Stahlbänder von 40 mm Breite und 0,8 mm Dicke verwendet, die mit Schrauben von $^3/_8''$ befestigt wurden. Die Riemen liefen bei den Versuchen auf Scheiben von 1250 mm Dmr. Die Vorspannung wurde auf einen bestimmten Wert eingestellt, die Nutzspannung war null.

Das erste Schloß $KR\,37$, Abb. 82, bestand aus 6 Stahlbändern, von denen 3 auf der Innenseite und 3 auf der Außenseite des Riemens angebracht waren, wobei 3 Schrauben in jedem Riemenende die Verbindung herstellten; die Schraubenlöcher in den Außenbändern waren länglich ausgeführt, damit das Schloß zwanglos über die Riemenscheibe laufen konnte. Die Außenbänder konnten infolgedessen nur die durch das Eigengewicht hervorgerufene Querkraft aufnehmen;

die Längskraft des Riemens mußte durch die Innenbänder allein übertragen werden.

Dieses Schloß wurde bei einer Geschwindigkeit von 22 m/sk und mit einer durch die Vorspannung des Riemens hervorgerufenen Zugkraft von 300 kg geprüft. Die Manometer, an denen der Achsdruck abgelesen werden kann, sanken alsbald und stetig, woraus zu erkennen war, daß die Verbindung sich ausreckte. Der Riemen schlug starke Wellen, weil die auf ein sehr kurzes Stück des Riemens zusammengedrängte Masse des Schlosses eine sehr ungünstige Massenwirkung hervorrief. Nach 10 Minuten wurde der Versuch abgebrochen; es zeigte sich, daß der Riemenstoß bereits um 10 mm klaffte und daß die oberen Bänder sich gekrümmt hatten und wirkungslos geworden waren. Abb. 83a und b zeigen den Zustand der Verbindung nach dem Versuch.

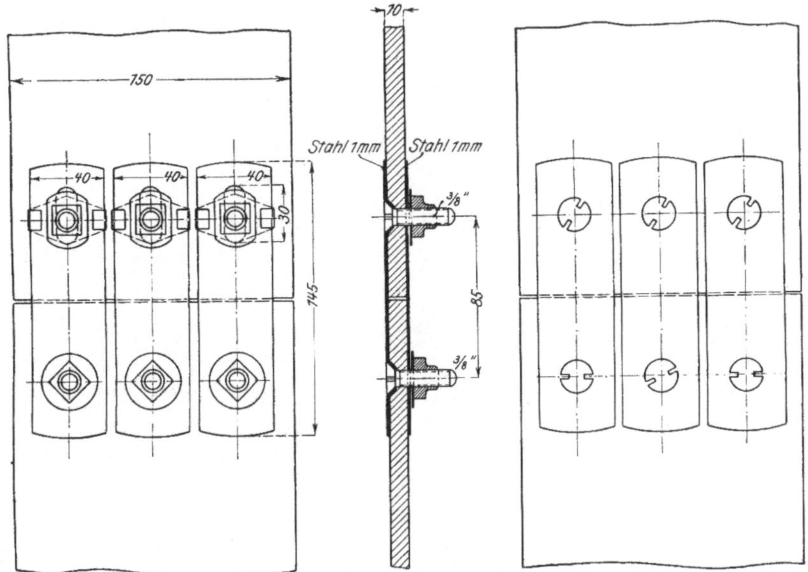

Abb. 82.   Riemenschloß *KR* 37.

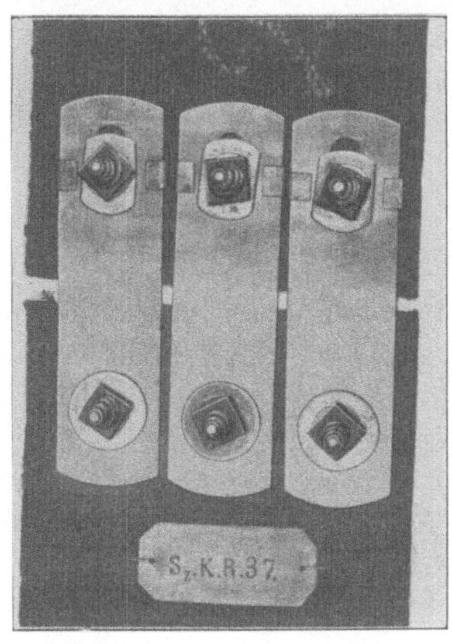

Abb. 83 a.   Abb. 83 b.

Die Querkraft S betrug bei dem Versuch

$$S = \frac{300}{5} - \frac{0,75^2\,\pi}{4}\,400 \cdot 0,25 = \mathbf{56}\ \text{kg}.$$

Das zweite Schloß $K\,R\,38$, Abb. 84, war aus 3 Stahlbändern auf der Innenseite und aus einer Lederlasche auf der Außenseite des Riemens zusammengesetzt, wobei wieder 3 Schrauben die Verbindung mit jedem Riemenende besorgten. Die 3 Schraubenmuttern eines jeden Riemenendes hatten eine gemeinsame Unterlagplatte, um zu verhindern, daß die Muttern sich in die Lederlasche eindrückten.

Dieses Schloß lief zuerst mit 22 m/sk Geschwindigkeit und 300 kg Belastung 10 min lang, dann mit 25 m/sk und 450 kg ebenfalls 10 min und schließ-

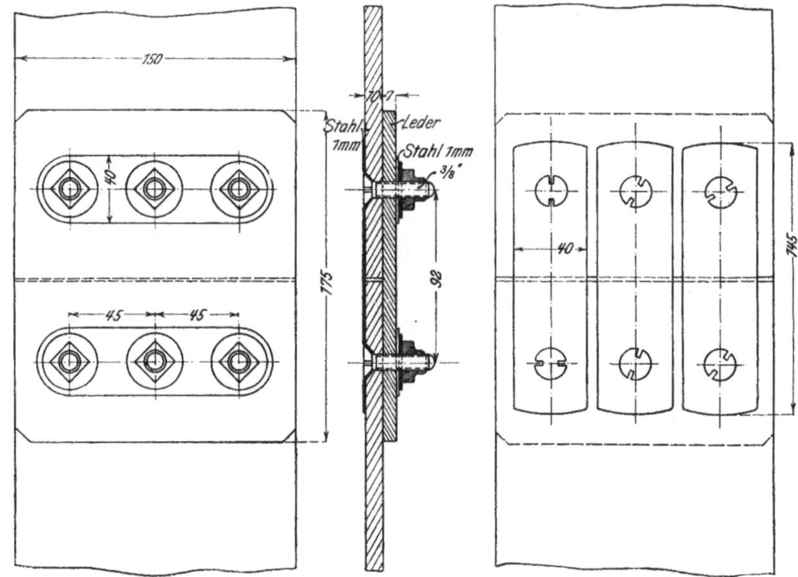

Abb. 84. Riemenschloß $K\,R\,38$.

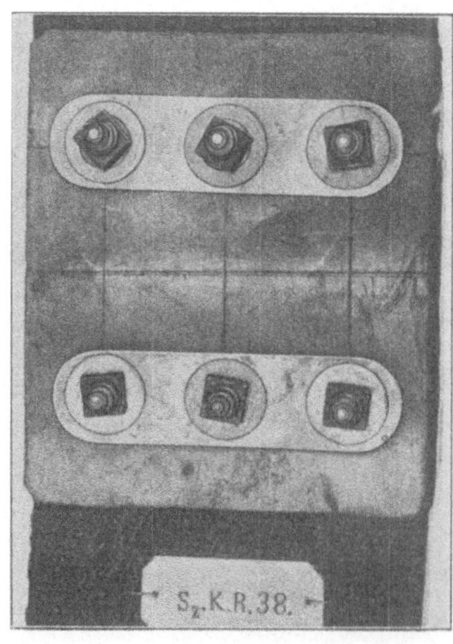

Abb. 85a.   Abb. 85b.

lich mit 30 m/sk und 600 kg Belastung ebenso lange. Schon bei den ersten beiden Versuchen mußte zweimal nachgespannt werden; bei dem dritten Versuch ließen die Manometer ein stetiges Sinken des Achsdruckes, d. h. ein fortgesetztes Nachlassen der Verbindung erkennen. Nach dem Stillsetzen zeigte sich, daß die Verbindung auf der einen Seite um 12 mm, auf der anderen um 20 mm, also im Mittel um 16 mm klaffte. Abb. 85 a und b zeigen den Zustand nach dem Versuch.

Die Querkraft S erreichte bei dem dritten Versuch den Wert

$$S = \frac{600}{3} - \frac{0{,}75^2\,\pi}{4}\,400 \cdot 0{,}25 = \mathbf{156}\ \text{kg}.$$

Bei dem dritten Schloß $KR\,39$, Abb. 86, lagen 3 Stahlbänder auf der Außenseite des Riemens, die durch 6 Schrauben mit jedem Riemenende verbun-

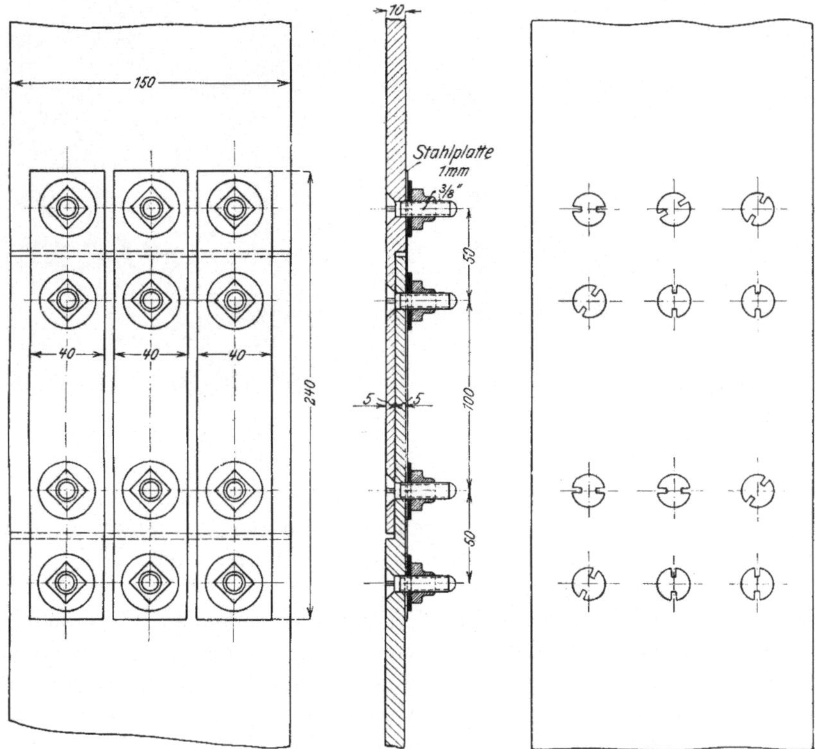

Abb. 86. Riemenschloß $KR\,39$.

den waren; von diesen Schrauben konnten jedoch nur die äußeren 3 als kraftübertragend betrachtet werden, da die inneren 3 nur den ausgeklinkten Teil des Riemens faßten. Die Ausklinkung der Riemenenden sollte einen möglichst stetigen Uebergang bewirken.

Dieses Schloß wurde zuerst mit 22 m/sk Geschwindigkeit und 300 kg Belastung 10 min lang versucht, dann mit 25 m/sk und 450 kg ebenfalls 10 min und hierauf mit 30 m/sk und 600 kg Belastung. Schon bei den ersten beiden Versuchen mußte je zweimal nachgespannt werden; bei dem dritten Versuch mußte während einer Dauer von 20 min dreimal nachgespannt werden, wobei die Verbindung bereits um 5 mm klaffte. Schließlich wurde noch ein Versuch mit 35 m/sk und 825 kg 25 min hindurch fortgeführt, wobei die Verbindung stetig nachließ. Nach dem Stillsetzen zeigte sich, daß sich die Schraubenköpfe in das Gewebe hineingefressen hatten und daß die Verbindung sich um 10 mm gereckt hatte. Aus Abb. 87a und b ist der Zustand nach dem Versuch zu erkennen.

Bei dem vierten Versuch stieg die Querkraft S auf

$$S = \frac{825}{3} - \frac{0,75^2\,\pi}{4}\,400 \cdot 0,25 = \mathbf{231}\ \text{kg}.$$

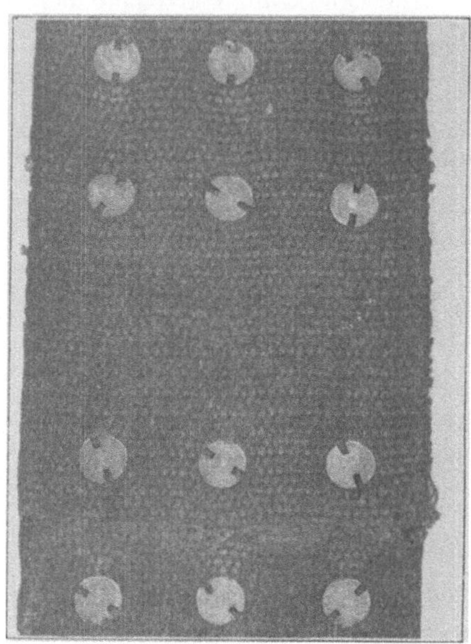

Abb. 87a.   Abb. 87b.

Das vierte Schloß $K\,R\,36$, Abb. 88, war mit 3 Stahlbändern auf der Außenseite des Riemens ausgerüstet, die durch 18 Schrauben mit jedem Riemenende verbunden waren. Die Riemenenden waren pfeilförmig gestoßen, um einen guten Uebergang herzustellen.

Der Riemen mit diesem Schloß lief zunächst mit einer Geschwindigkeit von 25 m/sk und mit einer Belastung von 450 kg völlig ruhig; als sich nach 10 min keine Veränderung an dem Schloß bemerkbar machte, wurde die Geschwindigkeit auf 35 m/sk und die Belastung auf 825 kg gesteigert, wobei der ruhige Lauf bestehen blieb; nach weiteren 10 min wurde der Riemen abgenommen. Abb. 89a und b zeigen den Zustand des Schlosses nach dieser Prüfung: es erwies sich als unverletzt.

Die Querkraft S erreichte hier den Wert

$$S = \frac{825}{18} - \frac{0,75^2\,\pi}{4}\,400 \cdot 0,25 = \mathbf{0}\ \text{kg}.$$

Die bei den 4 Schlössern versuchten Höchstgeschwindigkeiten und Höchstbelastungen sowie die eingetretenen Streckungen und Querkräfte betrugen:

Schloß		Höchstge-schwindigkeit	Höchstbe-lastung	Streckung	Querkraft S
		m/sk	kg	mm	kg
Fig. 69 und	70	22	300	10	56
» 71 »	72	30	600	16	156
» 73 »	74	35	825	10	231
» 75 »	76	35	825	0	0

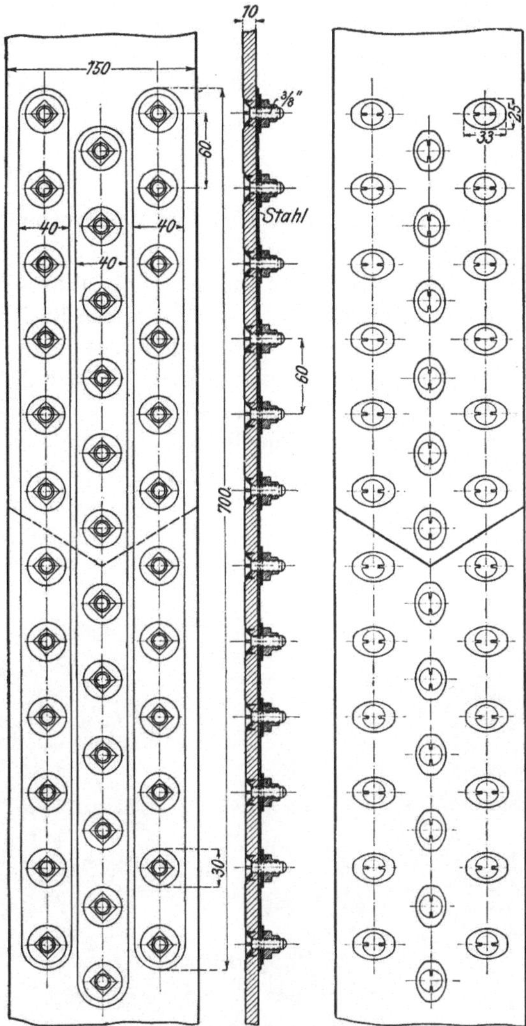

Abb. 88. Riemenschloß *KR* 36.

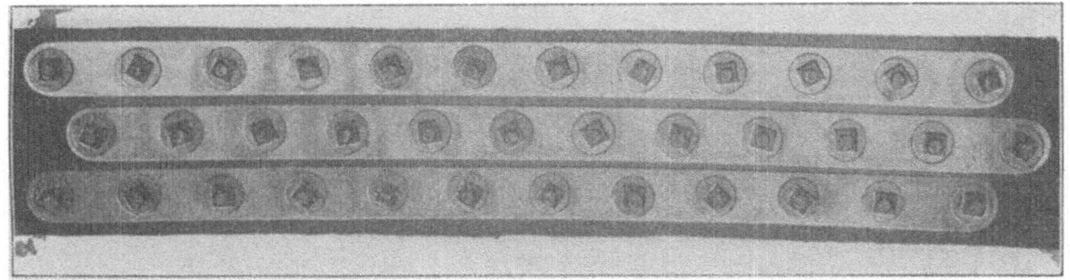

Abb. 89 a.

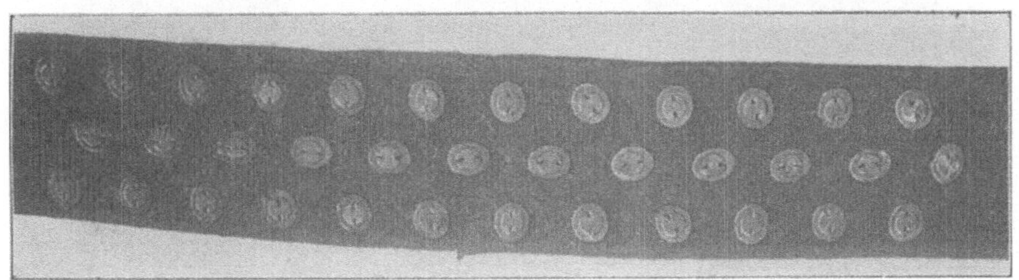

Abb. 89 b.

Eine haltbare Befestigung an Geweberiemen läßt sich also nur dann erzielen, wenn die Schraubenzahl so groß gewählt wird, daß die schädliche Bolzenwirkung der Schrauben verschwindet und die Reibungswirkung allein die Kraft überträgt.

3) **Riemenschloß für große Kräfte und hohe Geschwindigkeiten.**

Besonders hohe Anforderungen werden bei Walzwerkantrieben gestellt: es müssen Nutzleistungen bis zu 1000 PS bei Riemengeschwindigkeiten von 25 bis 50 m/sk übertragen werden, und zwar mit plötzlich auftretenden Stößen. Für diesen Zweck werden Kamelhaarriemen bis zu 2000 mm Breite und bis zu 15 mm Dicke verwendet. Die aus starren Metallschalen bestehenden Riemenschlösser erwiesen sich als viel zu massig für die hohen Geschwindigkeiten dieser Riementriebe; aufgenähte Lederlaschen hielten nicht, weil die Nähriemen sich durchscheuerten. Man konnte also Kamelhaarriemen nicht verwenden lediglich aus dem Grunde, weil kein Riemenschloß bekannt war, das länger als einige Tage aushielt.

Auf der rechten Seite von Abb. 90 und 91 ist ein Schloß dargestellt, das nur einige Stunden in Betrieb gewesen war. Bei dem Entwurf dieses Schlosses

Abb. 90.

Abb. 91.

war man von dem richtigen Gedanken ausgegangen, daß man jedes Band des Schlosses so lang machen muß, daß mehrere Befestigungsschrauben darin Platz finden, damit die Reibungswirkung der Schrauben erhöht und die Bolzenwirkung vermindert werden. Damit die langen Bänder sich über die Riemenscheiben biegen konnten, wurden mehrere Gelenke in jedes Band eingefügt. Trotz des richtigen Grundgedankens der Bauart hielt das Schloß nur einige Stunden aus: einmal darum, weil es zu massig war, und zum anderen aus dem Grunde, weil die Schraubenzahl noch zu klein war. Man erkennt aus den Abbildungen deutlich, wie die Schrauben das Gewebe auseinandergezerrt und eingerissen haben.

Dieses Schloß hatte 1000 PS bei 47 m/sk zu übertragen. Der Riemen hatte eine Breite von 700 mm, eine Dicke von 11 mm und ein Einheitsgewicht von rd. 0,1 kg für einen Streifen von 1 m Länge und 1 cm Breite. Die zu übertragende Nutzkraft betrug

$$K_n = \frac{1000 \cdot 75}{47} = 1600 \text{ kg}.$$

Die durch das Riemeneigengewicht hervorgerufene Fliehkraft betrug rd.

$$K_f = \frac{70 \cdot 0,1}{g} \, 47^2 = \infty \; 1600 \text{ kg}.$$

Bei den großen Durchmessern der Walzwerkantriebscheiben erreicht das Spannungsverhältnis jedenfalls den Wert 3; hierfür wird

$$\frac{K_v - K_f + \tfrac{1}{2} K_n}{K_v - K_f - \tfrac{1}{2} K_n} = 3$$

oder

$$K_v = K_n + K_f.$$

Die im ziehenden Trum wirkende Gesamtkraft dürfte somit den Wert

$$K_T = K_v + \tfrac{1}{2} K_n = K_n + K_f + \tfrac{1}{2} K_n = 1,5 \, K_n + K_f,$$

also den Zahlenwert

$$K_T = 1,5 \cdot 1600 + 1600 = \textbf{4000} \text{ kg}$$

erreicht haben. Diese Kraft stellt die gesamte Zugkraft dar, die das Schloß auszuhalten hat.

Das Schloß war mit jedem Riemenende durch 16 Schrauben von $^{3}/_{8}''$ verbunden. Die unter 2) genannte schädliche Querkraft betrug somit

$$S = \frac{4000}{16} - \frac{0,75^2 \, \pi}{4} \, 400 \cdot 0,25 = \infty \; \textbf{200} \text{ kg}.$$

Der hohe Wert von S läßt es erklärlich erscheinen, daß das Gewebe schnell zerstört wurde.

Die durch den Umlauf des Schlosses über die Riemenscheibe im Riemen hervorgerufene zusätzliche Fliehspannung war unter 1) zu

$$k_f' = \frac{G}{bl} \, \frac{v^2}{g}$$

ermittelt worden. Das Gewicht G des Schlosses betrug 16 kg und die Entfernung von Gelenk zu Gelenk $l = 0,125$ m, mithin rief das Schloß eine zusätzliche Fliehspannung k_f' im Riemen hervor von dem Betrag

$$k_f' = \frac{16}{70 \cdot 0,125} \cdot \frac{47^2}{9,81} = \infty \; \textbf{410} \text{ kg/cm}.$$

Der außerordentlich hohe Wert dieser zusätzlichen Kraft läßt erkennen, daß das Gewicht der Längeneinheit des Schlosses $\frac{G}{l}$ viel zu groß war.

Wollte man dieses unbrauchbare Schloß durch ein brauchbares ersetzen, so mußte sowohl S als k_f vermindert werden, es mußte also die Schraubenzahl vermehrt und gleichzeitig das Gewicht der Längeneinheit des Schlosses verringert werden. Um beides zu erreichen, wurden die geschmiedeten Gelenkbänder durch 9 lange dünne Stahlbänder ersetzt, Fig. 90 und 91 links, die durch 50 Schrauben von $^3/_8''$ mit jedem Riemenende verbunden wurden. Der Riemen hatte eine Breite von 490 mm, eine Dicke von 11 mm und ein Einheitsgewicht von 0,097, er wurde auf Riemenscheiben von 1250 mm Dmr. aufgelegt und folgenden Versuchen unterworfen.

Versuchs-dauer st	Riemenge-schwindigkeit m/sk	Vorspan-nung kg/cm	Nutzspan-nung kg/cm	Gesamt-spannung kg/cm	Zugkraft im Schloß kg
16	25	24	3	25,5	1250
17	36	24	3	25,5	1250
$3^1/_2$	20	40	0	40,0	1960
$3^1/_2$	38	50	0	50,0	2450
4	20	40	12	46,0	2250
4	38	50	9	54,5	2670
48					

Das Schloß lief also insgesamt 48 Stunden und hielt eine höchste Zugkraft von 2670 kg bei 38 m/sk aus; nach der Abnahme zeigte es sich unverletzt.

Die Querkraft S jeder Schraube stellte sich auf

$$S = \frac{2670}{50} - \frac{0,75^2\,\pi}{4}\,400 \cdot 0,25 = \mathbf{9}\ \text{kg},$$

war also verschwindend klein.

Das Gewicht des Schlosses betrug 6,4 kg und seine Länge 0,770 m; die durch den Umlauf des Schlosses über die Riemenscheibe hervorgerufene zusätzliche Fliehspannung war demnach

$$k_f = \frac{6,4}{49 \cdot 0,77}\,\frac{38^2}{9,8} = 25\ \text{kg/cm},$$

betrug also nur den achten Teil der Fliehspannung des erstgenannten Schlosses.

Laboratoriumsergebnisse bedeuten naturgemäß immer relative, nicht absolute Werte; letztere können nur im praktischen Betriebe gewonnen werden. Ganz besonders gilt dies für Walzwerkriemen, die den Stößen dieses Betriebes Trotz bieten müssen. Es wurde darum ein ähnliches Schloß für einen Walzwerkriemen von 660 mm Breite und 14 mm Dicke hergestellt, der 800 PS bei 38 m/sk zu übertragen hatte. Für dieses Schloß, Abb. 92, wurden 11 Stahlbänder verwendet, die durch 66 Schrauben von $^3/_8''$ mit jedem Riemenende verbunden waren. Mithin betrug die Querkraft S einer Schraube

$$S = \frac{1600}{66} - \frac{0,75^2\,\pi}{4}\,400 \cdot 0,25 = \mathbf{0}\ \text{kg}.$$

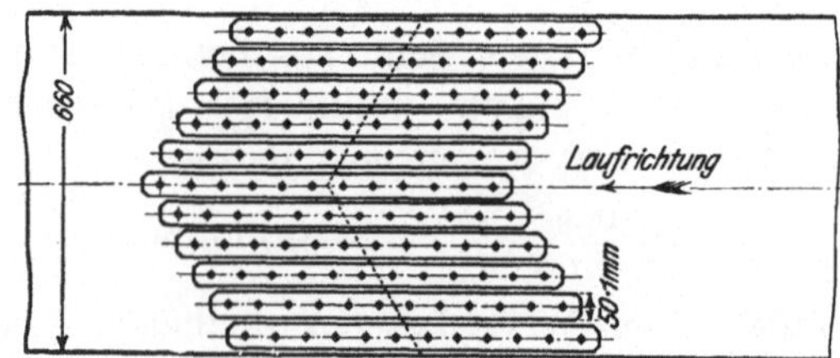

Abb. 92. Riemenschloß für die Baildonhütte.

Diese Beseitigung der schädlichen Querkraft führte einen völlig störungsfreien Betrieb herbei; das Schloß läuft seit dem 28. Januar 1909.

4) Versuche über die Ermüdung der Schloßbänder.

Die Stahlbänder, aus denen das Riemenschloß aufgebaut ist, erfahren eine doppelte Beanspruchung: eine Zugbeanspruchung durch den Riemenzug und eine Biegungsbeanspruchung infolge der Umbiegung um die Riemenscheibe. Die Gesamtbeanspruchung wird

$$k = \frac{K_T}{i\,(b - \delta)\,s} + E\,\frac{s}{D}\,,$$

wobei K_T der höchste Riemenzug in kg, D der Riemenscheibendurchmesser in cm, i die Zahl der Stahlbänder, b ihre Breite in cm, s ihre Dicke in cm, δ der Schraubendurchmesser in cm und E der Elastizitätsmodul ist. Die Gesamtbeanspruchung erreicht einen Mindestwert, wenn die Zugbeanspruchung gleich der Biegungsbeanspruchung wird, wenn also

$$\frac{K_T}{i\,(b - \delta)\,s} = E\,\frac{s}{D}$$

wird. Es wird dann

$$s = \sqrt{\frac{K_T\,D}{i\,(b - \delta)\,E}}\,.$$

Man ist also mit der Dicke der Stahlbänder an ein ganz bestimmtes Maß gebunden und kann die Anpassung an bestimmte Betriebsverhältnisse nur durch Wahl eines geeigneten Stahles erreichen.

Bei den hier in Betracht kommenden Beanspruchungen tritt die Ermüdung der Bänder verhältnismäßig rasch ein. Um einen Ueberblick über die Verwendbarkeit verschiedener Stahlarten für den vorliegenden Zweck zu erhalten, wurde eine Prüfung vorgenommen, die sich an die Eigenart des Betriebes möglichst anlehnte.

Es wurde ein Geweberiemen von 200 mm Breite mit einem Stahlbandschloß über 2 Riemenscheiben gelegt und leer solange in Umlauf gesetzt, bis die Bänder durch die Ermüdung infolge der Umbiegung über die Scheiben brachen. Der Unterschied gegenüber dem normalen Betrieb bestand darin, daß der Scheibendurchmesser wesentlich kleiner gewählt war, um die Versuchzeit abzukürzen; während bei Walzwerkantrieben die kleinere Scheibe nicht unter 2000 mm Dmr. hat, wurde für die Prüfung eine Scheibe von 450 mm verwendet. Die geprüften Stahlbänder hatten sämtlich eine Dicke von 0,9 mm, ihre Biegungsbeanspruchung betrug daher

$$k_b = 2\,200\,000\,\frac{0{,}09}{45} = 4400 \text{ kg/qcm.}$$

Die Riemenscheibe lief mit 445 Uml./min, die Riemengeschwindigkeit betrug also $v = \frac{0{,}45\,\pi\,445}{60} = 10{,}5$ m/sk; der Riemen hatte eine Länge von 6,0 m,

mithin erfuhr das Schloß in der Sekunde $z = \frac{10{,}5}{6} \cdot 2 = 3{,}5$ Umbiegungen.

In dieser Weise wurden 9 Stahlbänder geprüft: 4 schwedische, sehr hart; 1 oberschlesisches, sehr hart, und 4 schwedische in minder hartem Zustand. Die bis zum Bruch verflossenen Betriebzeiten betrugen für die schwedischen sehr harten Stahlbänder

9 st	40 min,	entsprechend	121 800	Umbiegungen	
13 »	55 »		»	175 350	»
17 »	30 »		»	220 500	»
15 »	25 »		»	194 250	»

im Mittel 14 st 7 ½ min, entsprechend 177 975 Umbiegungen.

Das oberschlesische Stahlband lief bis zum Bruch 7 st 20 min, entsprechend 92 400 Umbiegungen.

Die 4 schwedischen minder harten Stahlbänder hatten Lebenszeiten von

$$
\begin{array}{lllll}
38 \text{ st } 35 \text{ min,} & \text{entsprechend} & 486\,150 & \text{Umbiegungen} \\
23 \text{ » } 30 \text{ »} & \text{»} & 296\,100 & \text{»} \\
22 \text{ » } 40 \text{ »} & \text{»} & 285\,600 & \text{»} \\
35 \text{ » } 10 \text{ »} & \text{»} & 443\,100 & \text{»}
\end{array}
$$

im Mittel 29 st 58³/₄ min, entsprech. 377 737 Umbiegungen.

Es hatten also die minder harten Stahlbänder eine reichlich doppelt so große Lebensdauer als die sehr harten.

Sämtliche untersuchten Stahlbänder bestanden aus Kohlenstoffstahl; es ist zu vermuten, daß mit Nickelstahlbändern bessere Ergebnisse zu erreichen sind. Es war indessen nicht möglich, solche Stahlbänder zu erhalten.

5) Zusammenfassung.

Der große Einfluß der Masse des Riemenschlosses auf die Uebertragungsfähigkeit von Geweberiemen wird aus allen Versuchen mit solchen klar erkennbar; das Jackson-Schloß begrenzte das Verwendungsgebiet der untersuchten 4 Geweberiemen auf 25 bezw. 30 m/sk und drückte innerhalb dieses Gebietes die zulässige Nutzspannung um so mehr herunter, je mehr die Geschwindigkeit erhöht wurde. Im einzelnen ist zu bemerken:

1) Dadurch, daß der Schwerpunkt des Schlosses auf der Riemenscheibe eine Halbkreislinie durchläuft, entsteht im Riemen eine zusätzliche Fliehspannung

$$
k_f' = \frac{G}{b\,l}\,\frac{v^2}{g}\,.
$$

Maßgebend für die Größe dieser zusätzlichen Spannung ist demnach das Gewicht der Flächeneinheit des Schlosses $\dfrac{G}{b\,l}$; das Schloß ist also zweckmäßig so herzustellen, daß sein Gewicht sich über eine möglichst große Fläche des Riemens verteilt.

2) Die Drehung des Schlosses beim Auflauf und Ablauf von der Scheibe ruft in dem Riemenschloß ein Drehmoment

$$
M_d = \frac{J}{l}\,\frac{v^2}{r}
$$

hervor, das eine zusätzliche Fliehspannung k_f'' erzeugt.

Diese zusätzliche Spannung wird verschwindend klein, wenn das Schloß aus biegsamen Stahlbändern hergestellt wird.

3) Die schädliche Bolzenkraft S der Befestigungsschrauben beträgt

$$
S = \frac{K_T}{i} - \frac{\delta^2\,\pi}{4}\,k_z\,\mu.
$$

Es ist ratsam, die Schraubenzahl so groß zu nehmen, daß die Bolzenwirkung verschwindet und daß lediglich die Reibungswirkung der Befestigungsschrauben die Kraftübertragung übernimmt.

4) Die Dicke s der Stahlbänder ist so zu wählen, daß

$$
s = \sqrt{\frac{K_T\,D}{i\,[b - \delta]\,E}}
$$

wird.

5) Naturharte Stahlbänder haben eine doppelt so große Lebensdauer als gehärtete.

XII. Versuche mit einer Gleitschutzmasse.

Die bisher übliche Auffassung des Riementriebes als einer reinen Reibungsübertragung führte naturgemäß zu vielfachen Versuchen, die Uebertragungsfähigkeit der Riemen durch Erhöhung des Reibungswertes zu vergrößern. Der einfachste Versuch dieser Art besteht bekanntlich in dem Aufstreuen von Kolophonium auf die Lauffläche des Riemens; der Mißerfolg dieses Versuches ist bekannt.

Andere Bemühungen dieser Art laufen darauf hinaus, die Riemenscheiben mit irgend einem Ueberzug zu versehen, der einen größeren Reibungswert als die eiserne Scheibe hat. Zu Versuchen dieser Art wurde dem Versuchsfeld eine harzartige Masse zur Verfügung gestellt, die mit der Spachtel auf die Scheibe in einer Dicke von 3 mm aufgetragen werden konnte und an der Luft erhärtete. Da es nicht möglich war, die Masse völlig gleichmäßig aufzutragen, so wurde sie nach dem Erhärten auf der langsam laufenden Riemenscheibe abgedreht, so daß eine genau zylindrische Fläche entstand.

Zu diesen Versuchen wurde der einfache Lederriemen $LR\,15$ benutzt, der sich bei Versuchen mit blanken Scheiben bereits als ein sehr guter Riemen erwiesen hatte. Seine Abmessungen waren:

Breite	mm	102
Dicke	»	5,6
endlose Länge	m	18,50
Einheitsgewicht	kg	0,0493

Der Riemen lief von einer treibenden Riemenscheibe von 2500 mm Dmr. auf eine getriebene von 1250 mm Dmr.; letztere war mit dem Ueberzug versehen. Zum Vergleich wurden Versuche ausgeführt, bei dem beide Scheiben blank waren.

Aus der Versuchsreihe mögen folgende 3 Versuche herausgehoben werden:

Nr.	Versuchsdauer min	Riemengeschwindigkeit m/sk	Vorspannung kg/cm	Nutzspannung kg/cm	scheinbarer Schlupf vH	Dehnung vT	Riemenscheibe
2	30	35	12,0	12,0	1,1	0	blank
6	30	35	12,0	11,0	3,3	1,1	Ueberzug
7	30	35	12,0	8,9	0,7	0	Ueberzug

Bei gleicher Nutzspannung, Versuch Nr. 2 und 6, ist also der scheinbare Schlupf dreimal so groß, wenn die Scheibe mit Ueberzug versehen ist; bei annähernd gleichem scheinbarem Schlupf, Versuch Nr. 2 und 7, ist die Nutzspannung bei überzogener Scheibe kleiner als bei blanker.

Der Riemen kann das bei jedem Umlauf eintretende Ausrecken auf der getriebenen Scheibe nicht so gut ausführen, wenn diese Scheibe mit der Gleitschutzmasse überzogen ist; er leidet daher auf dem Ueberzug sichtlich mehr als auf der glatten Eisenfläche.

XIII. Allgemeine Schlußfolgerungen.

Bei allen bisher ausgeführten Versuchen traten folgende auffallende Erscheinungen hervor:

a) Es wurde stets eine Ueberschußspannung festgestellt, d. h.: der im Betriebe gemessene Achsdruck auf 1 cm Riemenbreite $= 2\,k_a$ war größer, als der im Stillstand gemessene Achsdruck $2\,k_v$ es erwarten ließ.

Zur Gewinnung einer raschen Uebersicht sind in Abb. 93 die Ueberschußspannungen aller Versuche zusammengestellt. Es zeigt sich, daß bei allen
Riemen die Ueberschußspannung mit steigender Geschwindigkeit wächst, und
zwar in gleichem Verhältnis; nur bei Geschwindigkeiten über 50 m/sk steigt bei
den Lederriemen LR 11 und 14 die Ueberschußspannung rascher als die Ge-

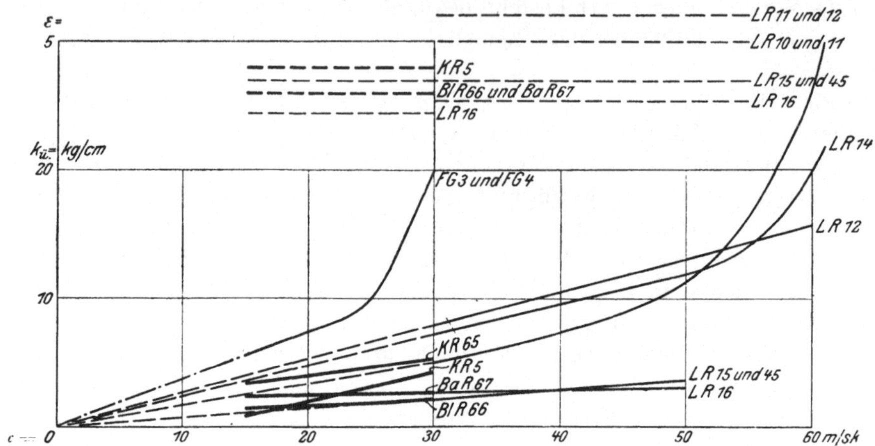

Abb. 93. Vergleich der Ueberschußspannungen und der Spannungsverhältnisse.

schwindigkeit. Bei den Doppelriemen LR 11 — 12 — 14 ergab sich die Ueberschußspannung — gemessen in kg auf 1 cm Riemenbreite — ungefähr doppelt
so hoch wie bei den einfachen Riemen LR 15 — 45 und 16. Bei den Geweberiemen KR 5 und 65, BaR 67 und BlR 66 war die Ueberschußspannung sehr
verschieden; namentlich zeigten die beiden Kamelhaarriemen KR 5 und 65 sehr
ungleich große Ueberschußspannungen. Die höchsten Ueberschußspannungen
lieferten die Gliederriemen FG 3 und FG 4.

b) Das Spannungsverhältnis ε im Betriebe ergab sich bei allen Riemen —
mit Ausnahme von LR 16 — größer als das Spannungsverhältnis $e^{\mu\omega}$ beim Reibungsversuch; nachstehende Zahlentafel zeigt, daß die beiden Werte je nach
der Eigenart des Riemens mehr oder weniger weit auseinander liegen.

Riemenart	Zeichen	Spannungsverhältnis	
		im Stillstand	im Betrieb
Gliederriemen . . .	FG 3	1,8	2 bis 5
» . . .	FG 4	1,8	2 bis 4
gefettetes Leder . . .	LR 2	1,5	3 bis 4
entfettetes Leder . .	LR 16	2,5	2,3 bis 2,4
Doppelriemen . . .	LR 10	1,2	3 bis 6
Kamelhaar	KR 5	2,0	3,5 bis 4,5

In Abb. 93 sind die Durchschnittswerte von ε dargestellt. Man erkennt
leicht, daß bei einer hohen Ueberschußspannung auch ein hohes Spannungsverhältnis beobachtet wurde; die Uebereinstimmung der beiden Werte läßt vermuten, daß ein Zusammenhang zwischen der Ueberschußspannung und dem
Spannungsverhältnis besteht.

Es sind inzwischen verschiedene Erklärungsversuche aufgetaucht. Der
erste von Rudolf Hennig ist am Schluß des 1. Abschnittes, »Zweck der Versuche«, bereits erwähnt worden. Diese Erklärung macht auf den Einfluß der
Dehnung aufmerksam. Tatsächlich bewirkt die Dehnung eine Erhöhung des

Achsdruckes; aber die Erhöhung macht nur einen kleinen Bruchteil der Ueberschußspannung aus; bei einer Geschwindigkeit von 61,6 m/sk nur 2,8 kg/cm
von 23,0 kg/cm, also im äußersten Fall noch nicht einmal den zehnten Teil.

Einen zweiten Erklärungsversuch hat Rudof Hennig in einem Vortrag
im Hamburger Bezirksverein des V. d. I. am 18. Oktober 1910 gebracht. Er
wies in diesem Vortrage nach, daß der Achsdruck sich vergrößert, wenn der
Riemen nicht dem Hookeschen Gesetz folgt, sondern eine Dehnungskurve zeigt,
die nach der Spannungsachse zu hohl erscheint, in einer sehr übersichtlichen
graphischen Darstellung stellte er den Zusammenhang dar.

Bezeichnet man die Länge des unter Belastung laufenden Riemens mit l,
dann wird diese gemäß der auf Seite 3 angestellten Ueberlegung

$$l = d\pi + a\left[1 + \frac{q^2 a^2}{240\,000\,(k_t - k_f)^2}\right] + a\left[1 + \frac{q^2 a^2}{240\,000\,(k_T - k_f)^2}\right].$$

Ist ferner E_t der Elastizitätsmodul bei der Spannung k_t, E_T der Elastizitätsmodul bei der Spannung k_T und s die Riemendicke, dann wird

$$l = \left[\frac{d\pi}{2} + a\right] \cdot \left[1 + \frac{1}{s\,E_t}\,k_t\right] + \left[\frac{d\pi}{2} + a\right] \cdot \left[1 + \frac{1}{s\,E_T}\,k_T\right].$$

Setzt man ferner die bekannten Werte

$$k_T - k_f = 2\,k_a\,\frac{\varepsilon}{\varepsilon + 1}$$

$$k_t - k_f = 2\,k_a\,\frac{\varepsilon}{\varepsilon + 1}$$

ein, so ergibt sich eine Beziehung, aus der k_a berechnet werden kann, wenn
die Dehnungskurve bekannt ist:

$$\frac{q^2 a^3\,(\varepsilon + 1)^2\left(\frac{1}{\varepsilon^2} + 1\right)}{(d\pi + 2\,a) \cdot 960\,000} = \frac{k_a^2}{2\,s\,E_t}\left(k_a\,\frac{1}{\varepsilon + 1} + k_f\right) + \frac{k_a^2}{2\,s\,E_T}\left(k_a\,\frac{2\,\varepsilon}{\varepsilon + 1} + k_f\right).$$

Die aufgenommenen Dehnungskurven sowohl wie die gemessenen Schlupflinien sind durchweg geradlinig; die untersuchten Riemen scheinen also dem
Hookeschen Gesetz zu folgen, wenigstens innerhalb der Messungsgrenzen und
in dem eigenartigen Betriebszustand, in dem sich die Riemen während des Betriebes befinden. Die Versuche geben demnach keinen Anhalt zu einer Be-
rechnung des Achsdruckes nach der Ueberlegung von Hennig.

Setzt man umgekehrt in die genannte Beziehung den gemessenen Wert k_a
ein und wählt man entweder für E_t oder für E_T den der Schlupflinie entnom-
menen Wert des Elastizitätsmoduls, dann erhält man aus der aufgestellten Beziehung den Wert E_T bezw. E_t.

Für den Versuch Nr. 10 mit $LR\,14$ erhält die genannte Beziehung die
Form:

$$0{,}002324 = \frac{k_a^2}{E_t}\,(k_a \cdot 0{,}734 + 21) + \frac{k_a^2}{E_T}\,(k_a \cdot 1{,}268 + 21).$$

Bei diesem Versuch wurde $k_a = 30$ kg/cm gemessen; der Elastizitätsmodul
ergab sich aus der Schlupflinie zu 4300. Setzt man diesen Wert $= E_t$, so wird
$E_T = -5910$. Wählt man umgekehrt für E_T den Wert 4300, dann wird $E_t = 3130$.
Es müßte also die Dehnungskurve eine hakenförmige Gestalt zeigen, wenn die
gemessene Spannung k_a durch eine Abweichung des Riemens vom Hookeschen
Gesetz erklärt werden sollte.

Die beiden Erklärungsversuche von Henning sind vom theoretischen Standpunkt aus sehr bemerkenswert; es gelingt aber nicht, mit ihnen die gemessenen hohen Ueberschußspannungen tatsächlich zu erklären.

Ein dritter Erklärungsversuch für die Ueberschußspannung — von Prof. W. Maier in Z. d. V. d. I. 1912 S. 2060 — macht auf die Massenspannung aufmerksam, die dadurch entsteht, daß der Riemen auf der getriebenen Scheibe sich reckt und dadurch beschleunigt wird, während er auf der treibenden Scheibe einkriecht und dadurch verzögert wird.

Das gezogene Trum läuft bei A, Abb. 94 auf die getriebene Scheibe auf, deren Umfangsgeschwindigkeit v_r' ist: von A bis B dehnt und beschleunigt sich

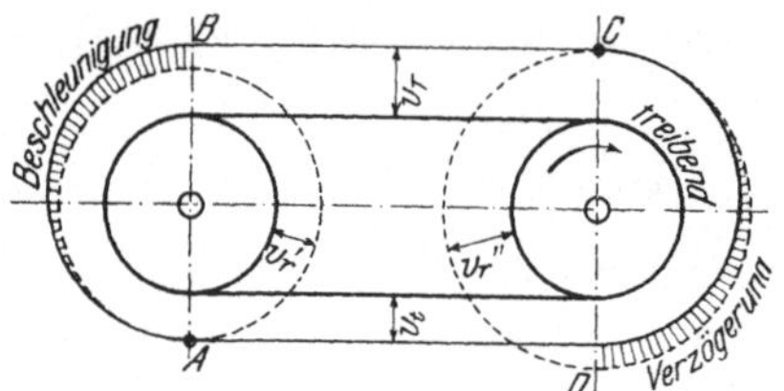

Abb. 94.   Geschwindigkeitsänderung eines Riemens ohne elastische Nachwirkung.

der Riemen und kommt dadurch auf die Geschwindigkeit v_T im ziehenden Trum. Bei C läuft das ziehende Trum auf die treibende Scheibe auf, deren Umfangsgeschwindigkeit v_r'' ist; von C bis D kürzt und verzögert sich der Riemen und kommt dadurch auf die Geschwindigkeit v_t im gezogenen Trum.

Da jeder Riemen elastische Nachwirkung zeigt, so wird die Dehnung und Beschleunigung in dem Punkte B noch nicht beendet sein, sondern sich in das ziehende Trum hinein fortsetzen; aus dem gleichen Grunde wird sich die Kürzung und Verzögerung über den Punkt D hinaus in das gezogene Trum hinein fortsetzen. Aufschluß hierüber haben zuerst Versuche von Alexander Fieber, Z. d. V. d. I. 1909 S. 1641 gegeben.

Diese Versuche wurden mit einem Riemen aus reinem Paragummi von 6 mm Dicke ausgeführt, der mit einer Geschwindigkeit von nur 5 m/sk lief. Die mit Rolltachometer gemessenen Geschwindigkeiten eines Versuches sind in Abb. 95 verzeichnet. Man erkennt, daß im ziehenden Trum noch eine be-

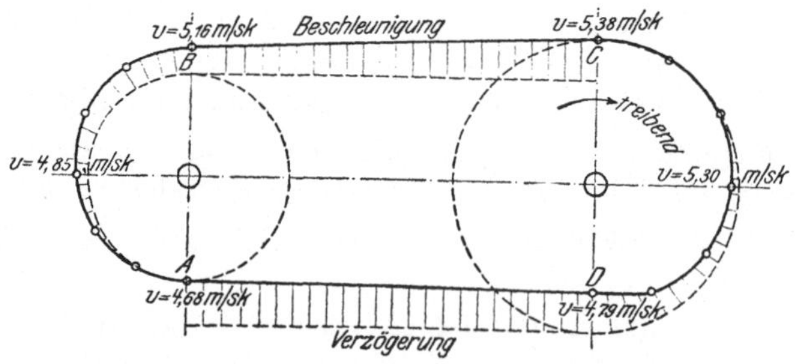

Abb. 95.   Geschwindigkeitsänderung in einem langsam laufenden Gummiriemen nach den Versuchen von A. Fieber, Z. d. V. d. I. 1909 S. 1642.

trächtliche Beschleunigung und im gezogenen Trum noch eine beträchtliche Verzögerung stattfindet. Zu diesen Verzuchen bemerkt A. Fieber, Z. d. V. d. I. 1909 S. 1642: »Bei dem Verlassen der treibenden Scheibe ist die der Entspannung zugehörige Verkürzung nicht voll ausgebildet, daher dauert die Längenänderung in den Strecken zwischen den Scheiben fort.«

Die Versuchsergebnisse von A. Fieber wurden bestätigt durch Versuche mit einem Lederriemen, der mit 20 m/sk lief, Z. d. V. d. I. 1909 S. 1642. Abb. 96

zeigt die Riemengeschwindigkeiten, die mittels eines Rollumlaufzählers mit elektromagnetischer Einrückung gemessen wurden. Auch hier findet im ziehenden Trum noch Beschleunigung, im gezogenen Trum noch Verzögerung statt.

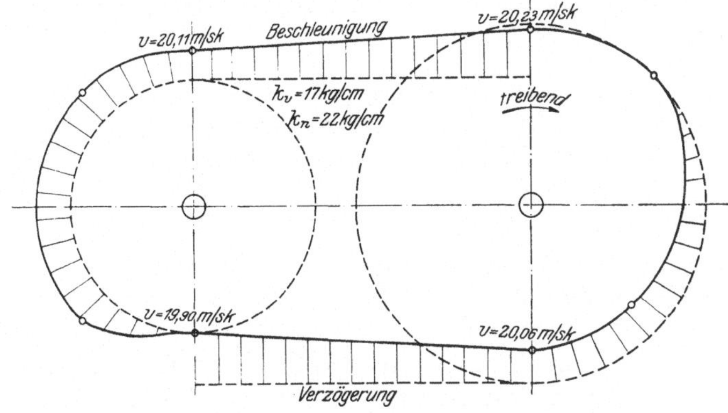

Abb. 96. Geschwindigkeitsänderung in einem mäßig rasch laufenden Lederriemen nach dem Versuch in Z. d. V. d. I 1909 S. 1642.

Dieser Versuch wurde mit einem Lederriemen von 80 mm Breite, 7,2 mm Dicke und einem Einheitsgewicht von 0,06 kg bei einem Achsstand von 5,58 m ausgeführt. Faßt man nur das zwischen den Scheiben befindliche Trum von 5,58 m Länge ins Auge, so ergibt sich dessen Masse zu $\frac{0,06 \cdot 5,58}{9,81} = 0,035$ Masseneinheiten. Der Geschwindigkeitszuwachs in diesem Trum betrug $20,23 - 20,11 = 0,12$ m/sk; die mittlere Riemengeschwindigkeit war $20,17$ m,sk; es war also zum Durchlaufen des Weges von 5,58 m eine Zeit von $\frac{5,58}{20,17} = 0,277$ sk erforderlich. Nimmt man an, daß die Beschleunigung in dem zwischen den Scheiben liegenden Stück des ziehenden Trums gleichförmig gewesen sei, so ist deren Wert $\frac{0,12}{0,277} = 0,435$ m/sk². Es wird also die Massenspannung des betrachteten Trums

$$= 0.035 \cdot 0,435 = 0,015 \text{ kg/cm,}$$

ist also verschwindend klein. Der Geschwindigkeitszuwachs auf der getriebenen Scheibe war zwar größer, nämlich $20,11 - 19,90 = 0,21$ m/sk; dieser Wert ist aber immer noch so klein, daß auch auf der getriebenen Scheibe keine Massenspannung von erheblicher Größe entstanden sein kann. Auch der dritte Erklärungsversuch für die Ueberschußspannung versagt demnach.

Aus dem Vergleich der Werte für den Elastizitätsmodul, die aus den Schlupflinien einerseits und aus der Dehnungsmessung im Stillstand anderseits ermittelt wurden, geht hervor, daß diese Werte bei den meisten Riemen durchaus nicht übereinstimmen. Die Dehnungsmessung läßt die Riemen weniger elastisch erscheinen, als sie tatsächlich sind. Sie liefert ganz verschiedene Werte für die Dehnung, je nachdem der Riemen vorher längere Zeit belastet war oder nicht. Es können daher aus der Dehnungsmessung im Stillstand keine Schlüsse auf das Verhalten der Riemen im Betriebe gezogen werden. Zuverlässigeren Aufschluß über den Elastizitätsmodul dürfte die Schlupfmessung geben, weil diese den Riemen in dem Zustand untersucht, in dem er betriebsmäßig arbeitet.

Die Abnahmevorschriften für größere Riemenlieferungen wurden bisher ausnahmslos so aufgestellt, daß eine gewisse Zerreißfestigkeit vorgeschrieben wurde. Dieses Verfahren ist ganz unzweckmäßig, weil es von den zu liefernden Riemen Eigenschaften verlangt, die mit dem Verhalten des Riemens im Betriebe wenig oder garnichts zu tun haben. Richtiger wäre es, einige aus der ganzen Lieferung beliebig ausgewählte Riemen einem Dauerversuch auf der Versuchsmaschine zu unterziehen.

Es liegt die Frage nahe, wie weit die zulässige Nutzspannung der aus den Versuchen ermittelten Grenz-Nutzspannung genähert werden darf. Die Grenz-Nutzspannung ist unter folgenden Bedingungen ermittelt:

1) für bestimmte Werte der Riemengeschwindigkeit, des Scheibendurchmessers und des umspannten Bogens,

2) für die günstigste Vorspannung,

3) für stoßfreien Betrieb,

4) für Riemen bestimmter Güte.

Sind diese Bedingungen im praktischen Betrieb erfüllt, ist also der Riemen mit einer Spannvorrichtung ausgerüstet, arbeitet er stoßfrei und ist er von gleicher Güte wie der geprüfte Riemen, dann wird die zulässige Nutzspannung nahezu eben so hoch gewählt werden können wie die Grenz-Nutzspannung. Je weiter sich die Verhältnisse des praktischen Betriebes von denen der Versuche entfernen, desto niedriger wird die zulässige Nutzspannung unter der Grenz-Nutzspannung gehalten werden müssen.

Besonders ungünstige Verhältnisse liegen vor bei Walzwerkriemen und bei Werkzeugmaschinen. Bei ersteren wirken die starken Belastungsschwankungen und -stöße nachteilig. Bei Werkzeugmaschinen werden Riemen mit besonders kleinen Geschwindigkeiten verwendet; die zulässige Nutzspannung beträgt hierbei häufig nur etwa ein Zehntel der sonst zulässigen Belastung.

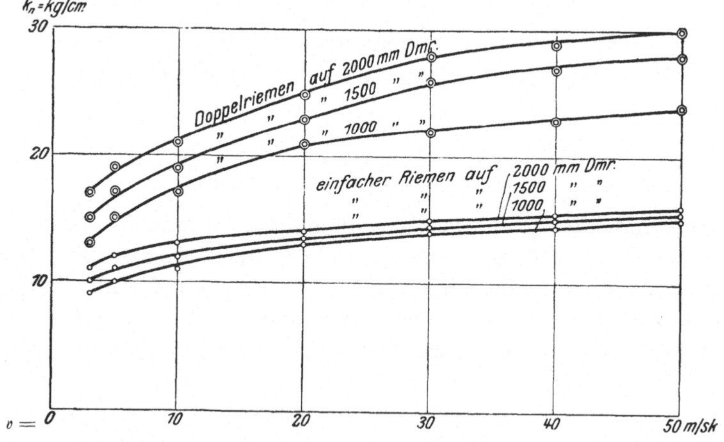

Abb. 97. Grenz-Nutzspannung für Lederriemen nach Gehrckens.

Die geringe Geschwindigkeit der Riemen von Werkzeugmaschinen war bisher durch die Anwendung der Stufenscheibenvorgelege bedingt. Sobald letztere durch Stufenstirnräder mit einfachen Riemen ersetzt werden, können die Umlaufzahlen der Werkstättentransmissionen erhöht und dadurch für die Riemen sehr viel günstigere Betriebsverhältnisse geschaffen werden.

Man wird schließlich noch fragen, wie weit die durch die Versuche mit Lederriemen verschiedenen Ursprunges ermittelten Grenz-Nutzspannungen mit den in dem Taschenbuch der Hütte 21. Aufl. I. Band S. 715 mitgeteilten zulässigen Nutzspannungen übereinstimmen, die C. Otto Gehrckens in Hamburg für die von seiner Firma hergestellten Riemen angibt. Diese in Abb 97 zu-

sammengestellten Werte gelten für günstige Betriebsverhältnisse: Uebersetzung
$1:1$ bis $2:1$, Wellenabstand ≥ 5 m, Scheiben genau zentriert und winkelrecht
zur Wellenachse, sorgfältig abgedreht und ausgewogen, ausgewogene Riemen
von überall gleicher Biegungsfähigkeit, auch in der Schlußverbindung. Die Versuchsanordnung entspricht diesen Verhältnissen: Uebersetzung $1:1$, Wellenabstand 5 bis $7,5$ m, Scheiben sorgfältig hergestellt. Da man einen umspannten
Bogen von $0,9\,\pi$ noch als günstig und normal bezeichnen muß, während der
bei den Versuchen vorhandene Umspannungsbogen von $1\,\pi$ als außergewöhn-
lich zu betrachten ist, so muß man die Versuchswerte von $\omega = \pi$ auf $\omega = 0,9\,\pi$
umrechnen, um zu einem einwandfreien Vergleich zu kommen.

Den Grenz-Nutzspannungen von $LR\,15$ und 45 war $e^{\mu\omega} = 3$ zu Grunde
gelegt, diesem Wert entspricht bei $\omega = \pi$ ein $\mu = 0,35$; es wird also $e^{0,35\,\cdot\,0,9\,\pi} = 2,69$.
Die für diese Riemen ermittelten Grenz-Nutzspannungen sind daher im Verhält-
nis $\dfrac{e^{\mu\omega} - 1}{e^{\mu\omega}} = \dfrac{3 - 1}{3} = 0,67$ zu $\dfrac{e^{\mu\omega} - 1}{e^{\mu\omega}} = \dfrac{2,69 - 1}{2,69} = 0,63$ zu vermindern. Das Ergebnis ist in Abb. 98 eingetragen.

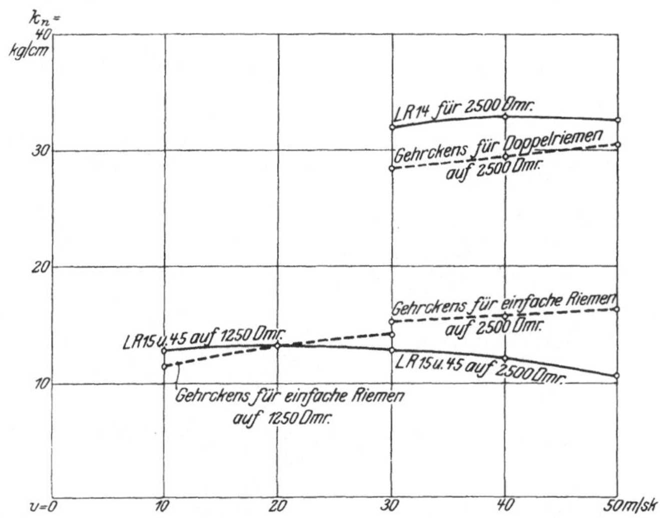

Abb. 98. Vergleich der Grenz-Nutzspannungen von $LR\,15$ und $LR\,45$ und $LR\,14$ bei $\omega = 0,9\,\pi$
mit den zulässigen Nutzspannungen nach Gehrckens.

Für die Grenz-Nutzspannungen von $LR\,14$ war $e^{\mu\omega} = 4$ ermittelt worden;
bei $\omega = \pi$ ist hierbei $\mu = 0,44$; mithin wird $e^{0,44\,\cdot\,0,9\,\pi} = 3,48$. Die für $LR\,14$ fest-
gestellten Grenz-Nutzspannungen sind also zu vermindern im Verhältnis von
$\dfrac{4 - 1}{4} = 0,75$ zu $\dfrac{3,48 - 1}{3,48} = 0,71$. Die in Abb. 98 eingetragenen Ordinaten von
$LR\,14$ entsprechen dieser Verminderung.

In die gleiche Abbildung sind die von Gehrckens angegebenen zulässigen
Nutzspannungen für einfache Riemen und Doppelriemen eingetragen, die durch
Interpolation für 1250 mm Scheibendurchmesser und durch Extrapolation für
2500 mm Dmr. genommen werden.

Der Vergleich zeigt, daß der Doppelriemen $LR\,14$ noch größere Nutzspannungen übertrug als die Gehrckens-Tabelle angibt; die einfachen Riemen
$LR\,15$ und 45 erreichten die zulässigen Nutzspannungen von Gehrckens für
einfache Riemen auf 1250 mm Scheibendurchmesser und blieben unter den
Gehrckens-Werten auf 2500 mm Dmr. Die Riemen $LR\,15$ und 45 waren von
einer anderen Firma geliefert worden als der Riemen $LR\,14$.